今ある がん に勝つ！
手づくり犬ごはん

獣医師・獣医学博士・須﨑動物病院院長
須﨑恭彦

講談社

もくじ

はじめに ... 4

- がんに勝つごはん ... 8
- 抗がんごはん　基本食材組み合わせ ... 10

少量しか食べられないときに知っておきたい
犬が好む、高タンパク食材 ... 12

飲み込みが難しいときの
噛む・飲み込みやすい工夫 ... 14

抗がん食材帖

野菜・海藻・豆類 ... 16
穀類・芋類 ... 18
大豆製品 ... 18
肉・卵・魚 ... 19
乳製品 ... 19
果物 ... 20
だし食材・調味料 ... 21

基本の抗がん栄養素＆レシピ

1年中手に入りやすい
常備したい抗がん食材 ... 22

がんに勝つ基本の抗がん食材組み合わせ ... 23

抗がんレシピ ... 24
食欲がないときの高カロリーごはん ... 26
噛みやすい・飲み込みやすいごはん ... 27

がん臓器別 抗がん栄養素＆レシピ

- 皮膚がん・扁平上皮がん・肥満細胞腫 ... 28
- 悪性リンパ腫 ... 32
- 子宮・卵巣・精巣・前立腺がん ... 36
- 口腔がん ... 40
- 腎臓・膀胱がん ... 44
- 骨肉腫 ... 48
- 大腸がん ... 52
- 血管肉腫 ... 56
- 肺がん ... 60
- 乳腺腫瘍 ... 64
- メラノーマ ... 68
- 脾臓の腫瘍 ... 72
- 肝臓がん ... 76

column

- ちょっとした工夫で食べやすく ... 80

Dr.須﨑に聞く がんのお悩み Q&A

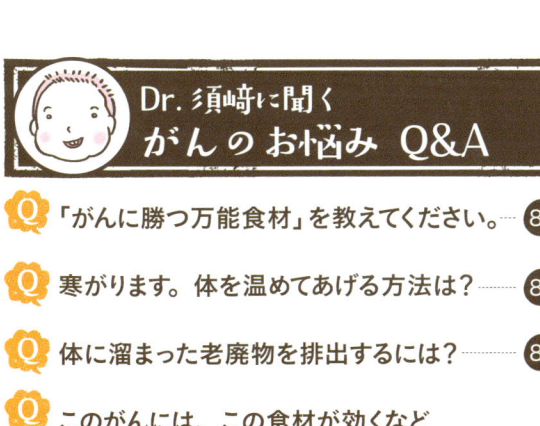

- Q 「がんに勝つ万能食材」を教えてください。 …… 82
- Q 寒がります。体を温めてあげる方法は？ …… 84
- Q 体に溜まった老廃物を排出するには？ …… 85
- Q このがんには、この食材が効くなどありますか？ …… 86
- Q 「ごはん」を食べるとがんになるとききました。 …… 88
- Q 食事よりも、がん撃退効果のある栄養素をサプリメントで大量摂取したほうがいいですか？ …… 89
- Q 水道水は飲ませても大丈夫でしょうか？ …… 90
- Q がんに有効といわれるきのこの中でも、特に舞茸に含まれる「Dフラクション」という栄養素がいいとききました。 …… 91
- Q 抗がん効果の高いニンニクですが、ネギ類なので犬に与えたらダメですよね？ …… 92
- Q 肉、卵、魚、乳製品を食べると悪化するといわれました。 …… 93
- Q 同じレシピをずっと食べさせたほうが体にいいですよね？ …… 94
- Q 食材の質はどのように考えればいいですか？ …… 95
- Q 食事療養中、おやつは禁止ですよね？ …… 96
- Q このごはんを食べ続けたら治るでしょうか？ …… 97

- おわりに …… 98
- レシピの協力者 …… 99

調理協力／黒沼朋子、関口きよみ、今野弘子（須﨑動物病院）
料理写真／石澤真実（講談社写真部）
デザイン／田中小百合（オスズデザイン）

はじめに

食事で全てのがんが治るのか？

「食事を見直せば、がんは治るんですか？」と言われたら、「必ずしもそうとは限りません」と答えています。

がんになるプロセスとは？

例えば、がん・腫瘍になるプロセスには「遺伝子に傷が付く→修復が間に合わない→がん遺伝子になる→腫瘍細胞が出来る→白血球による攻撃処理が追いつかない→腫瘍組織化」という流れがあり、このプロセスにおいて、原因は食事かそれ以外の何かなのかはわからないからです。

がんは今この瞬間も出来ていて、処理もされている

ただ、覚えておいていただきたいのは、例えば、人間では30秒に1〜2個の腫瘍細胞が出来ていて、このペースだと1日に3000〜6000個の腫瘍細胞が出来ていることになるのですが（驚）、通常は完全に処理をして根絶やしにしています。このことから、「腫瘍細胞が出来るのは普通のこと」ですし、「腫瘍細胞を攻撃処理するのも日常

のこと」で、がんを消すのは奇跡でも何でも無いのです。

　ですから、「腫瘍細胞がある」と言われて驚くこともなければ、腫瘍組織が自然に消滅しても「別に、不思議な話では無い」ということになります。

食事が大事な理由

　腫瘍細胞と闘っているのは、身体の白血球による攻撃システムであり、そのシステムを支えているのは食事に由来する成分です。

　また、今まで食べてきた食事に添加物が多かったり、水分不足だったり、何らかの原因で「遺伝子に傷が付く」要因が多かった場合、食事を変えることでこれ以上遺伝子に傷をつけることを防ぐ可能性はあります。

　以上のことから、食事を適正化することは直接的に影響があろうと無かろうと、取り組む意義はあると考えます。

摂取と排出を心がける

　食事には確かにパワーがありますが、食事療法は「不足を補って正常になる」ことがゴールで、通常の機能を超えた特別な状態に体がなるわけではありません。ですか

ら、異物が多すぎれば、持っている機能では処理しきれません。つい栄養摂取にばかり目が行きがちですが、たっぷりの水分摂取で体内に溜まった毒素を体の外へ排出することも大切になります。

余命宣告をされても諦めない

　余命宣告をされて落ち込んでいる飼い主さんが、ネットで情報収集をしてさらに落ち込むという悪循環にはまっているケースがあります。できた腫瘍組織に対処（外科的対処、抗がん剤、放射線照射）しようとしても、再発など、なかなか処理が追いつかないことが少なくありません。しかし、遺伝子に傷が付く原因に対処すれば、「遺伝子に傷が付くのが減る→修復が間に合う→がん遺伝子になるのが減る→腫瘍細胞が出来る量が少なくなる→白血球による攻撃処理が追いつく→腫瘍組織が小さくなっていく」ことは不可能ではないと診療経験上考えております。

正常化のプロセス

　また、食事を変えることで、正常化のスイッチが入り、体内に溜まっている異物の排除がスムーズになり、一時的に毒素排出のため症状が強く出ることがあるかもしれません。しかし、それは正常化へのプロセスの中で普通のことです。中には、一度腫

瘍が大きくなってからしぼむケースもありますが、これは「白血球が闘う→炎症反応強くなる→腫れる→白血球の処理が追いつく→腫瘍細胞が減る→腫瘍組織が小さくなる」という流れがあると考えています。

再発とは？

　腫瘍組織を手術で取り除いたり、薬物で小さくしても、「根本原因」が残っていれば、また同じことが起こり、「再発」します。最終的に「しこり」だけを取り除いても、原因が残っていればまた同じことが起こっても不思議ではありません。しかし、根本原因を取り除くのは、身体の免疫システムです。その免疫システムが正常に機能するための物資を供給するのは、やはり食事なのです。

　ひょっとしたら「食事なんかで…」と思われるかもしれませんが、食事が体を作っているのです。がんは生活習慣病であり、日常的に摂る食事からの抗がんアプローチを無視することはできません。「身体が闘うための物資を供給し、邪魔になるものを取り入れない」視点をもち、取り組んでみましょう。

You are what you eat.（食べたものが身体を造る）

獣医師・獣医学博士・須﨑動物病院 院長／須﨑恭彦

がんに勝つごはん

「がん」になった習慣を変える必要があります

　よく「●●を食べさえすればがんは治ります」という話がありますが、私の診療経験上、それは偶然その子にはそれが良かっただけなど、少々極端なケースだと思います。もちろん、食事は大事ですが、後述する「なぜがんになるのか？」がわかると、「やっぱりいろいろなことに気を遣わないといけないんだ」とわかります。食事の他、適度な運動（散歩）や睡眠（心身のリセット）なども免疫力アップには大事です。今回は、その中でも、食事についてお話しをさせていただきます。

 Dr.須﨑　免疫力アップ3箇条

1. 食べ物　身体は食べた栄養素を素に作られます
2. 運動　適度な運動が血液リンパの流れを改善
3. 睡眠　心身のデトックスで、ストレスフリーに

がんに勝つ Point 1
身体を冷やさない工夫で血行促進

白血球の十分な反応には、血行を良くすることが重要です。そのためには、身体を冷やさないことが大切。食材は根菜類や赤身肉や大豆製品などの良質なタンパク質を取り入れ、ごはんは人肌程度に温めてから与えます。

がんに勝つ Point 2
粘膜を強くする食品で腸の免疫力をアップ

腸粘膜の免疫力を高めるには、摂取する栄養素と腸内細菌の正常化が重要です。ビタミンAとなるβ-カロテンを多く含む食物繊維が多い食材の摂取がポイントです。ヨーグルトや納豆などの発酵食品もオススメ。

がんに勝つ Point 3
植物に含まれる強い抗酸化成分、ファイトケミカルの摂取

腫瘍細胞ができるそもそものキッカケは「遺伝子に傷が付く」ことです。その主な原因の一つに「活性酸素」があります。それを無毒化するのにファイトケミカルはとても重要です。

抗がんごはん 基本食材組み合わせ

抗酸化力の働きをする　**野菜・海藻・豆類**　全体量の **2割**

＋

エネルギーの働きをする　**穀類・芋類**　全体量の **2割**

＋

身体を支える働きをする　**大豆製品**　全体量の **2割**

＋

身体を支える働きをする　**肉・魚介・卵・乳製品**　全体量の **3割**

＋

食欲増進の働きをする　**調味料・だし食材**

↓

 ＋  ＋  ＋  ＋

全体量の2割　　全体量の2割　　全体量の2割　　全体量の3割　　＋α

# Dr.須﨑 アドバイス

Point 1　食べてもらう工夫

　食事の基本は「いろいろなものを美味しく食べていれば、適切に調節される」です。好き嫌いが激しい場合は、人間同様「困ったときのハンバーグ」で、好きな肉や魚などと混ぜて嫌いな野菜などをより分けられないよう工夫が必要です。

Point 2　食べさせる回数

　私たち人間も具合が悪いときは食欲が無くなるように、自然界で動物が具合悪い時には、食べずにじっとして過ごします。これは、消化吸収にエネルギーを回すより、病気と闘う方にエネルギーを使いたいからかもしれません。基本的には腹八分目が重要です。成犬なら1日1〜2食で充分です。痩せていく場合は、肉類や穀物を多めにしくカロリーを増やしてみましょう。

Point 3　食べさせる量

　人間でも、少食な方と大食漢がいらっしゃる様に、動物も体型を観ながら量を調節するしかありません。ただ、がん・腫瘍の場合は消化にエネルギーを回すよりも、がんと闘うことに使いたいので、「少なめ」が基本です。しかし「痩せていく……」という場合は、肉や魚などの量を増やしてみましょう。

少量しか食べられないときに知っておきたい
犬が好む、高タンパク食材

マグロ赤身
与え方の工夫

マグロの赤身はタンパク質含有量が多い動物性食材の一つで、その香りが食欲をそそるケースが多く、生でも焼いてもお好みで。

鶏肉
与え方の工夫

鶏肉はささ身でないといけないと思っている方が多い様ですが、モモでもムネでも大丈夫です。もちろん、安心な素材なら、生でも焼いてもお好みで。

豚肉
与え方の工夫

豚肉は「元気ビタミン」のビタミンB_1を多く含みます。愛犬のがんと闘う力を支えるために、よく使う食材の一つに加えてみてはいかがでしょうか？

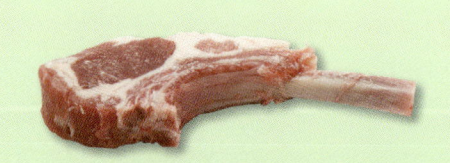

羊肉・馬肉
与え方の工夫

独特の香りや食感、味が気に入っている犬もいます。これでなければならない食材ではありませんが、選択肢の一つとしてオススメです。

鮭
与え方の工夫
鮭に含まれるアスタキサンチンは抗酸化物質なので、がん・腫瘍の根源である遺伝子に傷をつける活性酸素対策としてオススメです。

青魚
与え方の工夫
青魚に含まれるω3脂肪酸（EPAやDHA等）は、腫瘍細胞の増殖を抑制する効果が期待できると言われており、オススメ食材です。

鶏卵
与え方の工夫
卵の白身がNG食材という間違った情報がありますが、加熱すれば普通に食べられますので、安心して食べさせて下さい。

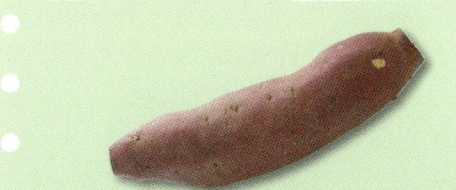
さつまいも
与え方の工夫
甘みもあり、食事量が少なくなってきたときのエネルギー源として「ごはん」の代わりにふかして食べさせてあげてください。牛乳を合わせてペースト状にしてもOK。

Dr.須﨑 アドバイス
食欲がないときには人間の食べ物でOK！

　基本的に食欲が無いのは、吐き気がするなどの理由があり、無理に食べさせずに消化器を休ませた方が良い場合がほとんどです。しかし、それが長く続くと体重が減りすぎて、自己治癒力が働かないほどに体力が低下することがあります。そんなときは人間の食べ物で食欲を刺激してあげることも対策のひとつです。塩分を気にされる方もいますが、スープなどで水分摂取をきちんとすれば、1.5％程度までは正常に処理できるという報告もございますので、気にしすぎなくても大丈夫です。

飲み込みが難しいときの
噛む・飲み込みやすい工夫

食べづらい食感への注意と工夫

かたさ 噛む力はロープやおもちゃなどでつければよく、食事は飲み込めれば良いので、硬さはやわらかくてOKです。

凝集性 適度な食べ物のまとまりやすさは飲み込みやすさに影響します。人間の介護食で使われる『ミキサーゲル』などを活用するのもいいでしょう。

付着性 口にベトベト付くと飲み込めません。口内細菌も増殖するので、注意しましょう。口は小まめにキレイにしてあげてください。

離水性 水、果汁、煮汁などのサラサラした液体は飲み込みづらいので、食材と水分が分離しないムース状がベスト。飲料はゼリー飲料のような形状が◎。

人間の介護食現場で活躍するお助けアイテム紹介

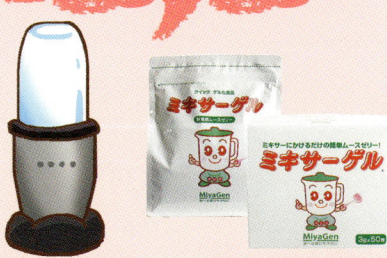

ミキサー
※少量をつくれる『マジックブレットデラックス』を使用
(問) 株式会社宮源
TEL.073-455-1711

ミキサーゲル
※スティック分包
(1箱…1包 3g×50本)
(問) 株式会社宮源
TEL.073-455-1711

レシピ例　かぼちゃペースト

❶
かぼちゃの煮物50g・湯50ccをミキサーに入れてまわす。

❷
❶にミキサーゲル½包を入れ、少し固まるまで再度まわす。

❸
味わいそのままで、ムース状になり、食べやすくなります。

する

れんこんやじゃがいものようにかたいものでも、すり下ろしてからおじやなどに入れることによって飲み込みやすくなる。

つぶす

芋類・豆類は加熱して熱いうちにつぶしてつなぎを入れると良い。ミキサーがなくてもフォークの背などでつぶせる。

蒸す

魚の切り身なども焼くより蒸した方が身がやわらかくなる。さらにあんをかけると食べやすくなる。

煮る

肉も噛まなくていいくらいに煮込むと食べやすくなる。圧力鍋を使うと短時間で煮込める。

つなぎを使う

とろろや卵と混ぜながら食べることで飲み込みやすくなる。

あえる

マヨネーズや卵のようなとろみのある調味料であえてまとまりを良くする。

あんかけにする

食材にあんをかけるだけで、口の中でばらけにくくなる。

抗がん食材帖 野菜・海藻・豆類

小松菜
この栄養素が効く！
β-カロテン
効果的な食べ方
抗酸化物質β-カロテンは油に溶けやすく水に溶けにくいという性質があるので、野菜炒めなどの調理がお薦めです。

キャベツ
この栄養素が効く！
グルコシノレート
効果的な食べ方
加熱することで成分は減りますが、生より沢山食べられるため、日々いろいろな調理法で食べさせてください。

レタス
この栄養素が効く！
食物繊維
効果的な食べ方
食物繊維は加熱に強いので、どの様な調理法でも、便通促進作用や腸内善玉菌のエサになる働きは変わりません。

ブロッコリー
この栄養素が効く！
スルフォラファン
効果的な食べ方
加熱に強いのですが、あまり長時間加熱するより、火が通る程度で、食べやすくなる程度に加熱してください。

スプラウト
この栄養素が効く！
スルフォラファン
効果的な食べ方
イソチオシアネートの仲間であるスルフォラファンは加熱に強いですが、生か軽く火を通す程度にして食べて下さい。

トマト
この栄養素が効く！
リコピン
効果的な食べ方
リコピンは熱に比較的強いので、加熱調理してもその効力は損なわれませんので、煮込みでも使えます。

かぼちゃ
この栄養素が効く！
β-カロテン
効果的な食べ方
煮物、蒸し物、スープなど幅広く利用できます。油と組み合わせると吸収率が良くなるので、炒めてもいいでしょう。

にんじん
この栄養素が効く！
β-カロテン
効果的な食べ方
にんじんのβ-カロテン吸収率は、生のままでは8％、煮ると20～30％、油で炒めると60～70％とアップします。

ごぼう	**れんこん**	**原木しいたけ** 	**まいたけ** 
この栄養素が効く！	この栄養素が効く！	この栄養素が効く！	この栄養素が効く！
モッコラクトン	ムチン	ビタミンD	β−グルカン
効果的な食べ方	効果的な食べ方	効果的な食べ方	効果的な食べ方
ゴボウの「アク」の成分が有効です。	長時間ゆでずに、サッとゆでて食べさせてください。	電気乾燥ではなく、日光で乾燥させたものを食べましょう。	細かく刻んで、グツグツ煮込んで食べましょう。

大根（葉・根）	**かぶ（葉・根）**	**黒豆** 	**枝豆** 
この栄養素が効く！	この栄養素が効く！	この栄養素が効く！	この栄養素が効く！
イソチオシアネート	インドール	アントシアニン	ビタミンE
効果的な食べ方	効果的な食べ方	効果的な食べ方	効果的な食べ方
根はすり下ろして大根おろしにして食べさせてください。	葉と一緒に加熱して柔らかくして食べさせてください。	黒豆を5分ほど沸騰させずに煮込んだ煮汁を料理に使用。	ヒト同様に、ゆでて柔らかくして食事に混ぜてください。

インゲン豆	**さやえんどう** 	**ひじき**	**昆布** 
この栄養素が効く！	この栄養素が効く！	この栄養素が効く！	この栄養素が効く！
食物繊維	ビタミンC	食物繊維	フコイダン
効果的な食べ方	効果的な食べ方	効果的な食べ方	効果的な食べ方
加熱して柔らかくしてから食事に混ぜて食べさせてください。	さっと湯がいて柔らかくして食事に混ぜて食べさせます。	水で戻し、ごはんづくりの際、煮込んで食べます。	細かく刻んで煮込んだ煮汁ごと食べさせます。

抗がん食材帖 穀類・芋類

玄米
この栄養素が効く！
セレン＆ビタミンE
効果的な食べ方
白米同様、炊飯器等で炊いて食べさせます。

雑穀
この栄養素が効く！
ビタミンB群
効果的な食べ方
ご飯などに混ぜて、炊飯器等で炊いて食べさせます。

そば
この栄養素が効く！
ルチン
効果的な食べ方
ご飯の替わりに、ゆでて食べさせてください。

全粒粉小麦
この栄養素が効く！
食物繊維
効果的な食べ方
シリアルを活用したり、パンやクッキーに混ぜて焼くなどして。

さつまいも
この栄養素が効く！
ガングリオシド
効果的な食べ方
がん細胞の増殖を防ぐ作用があり、β-カロテン等の抗酸化ビタミンと共に有益。

じゃがいも
この栄養素が効く！
クロロゲン酸
効果的な食べ方
細胞の突然変異を予防するクロロゲン酸が皮に特に多く含まれています。

やまいも
この栄養素が効く！
ムチン
効果的な食べ方
すり下ろしたり、短冊切りにして食べさせてください。

とうもろこし
この栄養素が効く！
甘み
効果的な食べ方
甘みが食欲増進を促します。缶詰を常備においても良いでしょう。

抗がん食材帖 大豆製品

豆腐
この栄養素が効く！
イソフラボン
効果的な食べ方
そのままでも、ゆでても、炒めても使える食材です。

納豆
この栄養素が効く！
ナットウキナーゼ
効果的な食べ方
よくかき混ぜて、食事に混ぜて食べさせてください。

抗がん食材帖　肉・卵・魚

鶏肉
この栄養素が効く!
タンパク質
効果的な食べ方
食品衛生上、基本的には加熱ですが、安全なら生でも可。

豚肉
この栄養素が効く!
ビタミンB_1
効果的な食べ方
必ず加熱をして食べさせてください。

羊・馬肉
この栄養素が効く!
ビタミンB群
効果的な食べ方
食品衛生上、基本的には加熱ですが、安全なら生でも可。

鶏卵
この栄養素が効く!
タンパク質
効果的な食べ方
生、刻んだゆで卵、トロトロのスクランブルエッグでもOK。

青魚
この栄養素が効く!
EPA、DHA
効果的な食べ方
焼く、刺身、煮る、お好みの状態で食べさせてください。

白身魚
この栄養素が効く!
タンパク質
効果的な食べ方
焼いても、刺身でも、煮ても、お好みの調理法でOK。

鮭
この栄養素が効く!
アスタキサンチン
効果的な食べ方
塩が添加されていない生鮭を買って、焼いてごはんに混ぜる。

貝類
この栄養素が効く!
タウリン
効果的な食べ方
ヒトが食べる様に調理します。ゆでた場合は煮汁も一緒に食べさせます。

抗がん食材帖　乳製品

チーズ
この栄養素が効く!
タンパク質
効果的な食べ方
ごはんに混ぜても、おやつとして与えてもOK。

ヨーグルト
この栄養素が効く!
乳酸菌
効果的な食べ方
腸内環境を整えて免疫力アップを促す。

抗がん食材帖 果物

りんご
この栄養素が効く！
ペクチン

効果的な食べ方
切っても、すり下ろしても可。りんごの食物繊維が腸内の乳酸菌を増やしてくれます。

柑橘類
この栄養素が効く！
ビタミンC

効果的な食べ方
加熱せず、新鮮なものを、焼き魚や肉に少しかけて食べさせます。

ベリー類
この栄養素が効く！
アントシアニン

効果的な食べ方
冷凍ものしか手に入らない時はそれでもOK。

すいか
この栄養素が効く！
リコピン

効果的な食べ方
抗酸化作用が高いと言われるリコピンが豊富。

なし
この栄養素が効く！
水分

効果的な食べ方
食欲が無くなった、水も飲まなくなったときに、すり下ろして飲ませると、抵抗なく飲んでくれることがあります。

メロン
この栄養素が効く！
β-カロテン

効果的な食べ方
果肉がオレンジ色の赤肉メロンは、体内で効率よくビタミンAに変換されるβ-カロテンが豊富。

びわ
この栄養素が効く！
β-カロテン

効果的な食べ方
熟したものを皮をむいておやつとして食べさせてください。

バナナ
この栄養素が効く！
糖質、ビタミンB群

効果的な食べ方
糖質が多く、糖質をエネルギーに変えるときに必要なビタミンB群が豊富なので、食欲が無いときに便利な食材。

抗がん食材帖 だし食材・調味料

かつおぶし

効果的な食べ方

食欲を高める風味付けとして活用します。普通に出汁を取るように使いますが、そのまま食事の上にかけても使えます。

にぼし

効果的な食べ方

塩分をとくに気にしなくても良いですが、減塩や無塩にぼしも流通してます。

鶏肉

効果的な食べ方

焼きとりにして、トッピングしたり、食材と共に煮れば、おいしいだしが出ます。

貝柱

効果的な食べ方

干し貝柱は風味もよく、保存もできるのでオススメです。

干しえび

効果的な食べ方

アスタキサンチンが豊富で香ばしいかおりが人気です。

昆布

効果的な食べ方

フコイダンの抗がん栄養素も摂れるので、一石二鳥です。

干ししいたけ

効果的な食べ方

ビタミンDが豊富に含まれるおすすめ食材。

油揚げ

効果的な食べ方

適度な油分でおじやの味もよくなり、食欲を刺激します。

ごま油

効果的な食べ方

食材を炒める時に使用します。独特の香りが食欲増進につながることがあります。

オリーブ油

効果的な食べ方

万能の調理オイルとして、炒め物に使います。時々苦手な犬がいますが、ほとんどは抵抗なく食べてくれます。

みそ

効果的な食べ方

食欲を高めるために使います。塩分が気になる方がいらっしゃいますが、塩分濃度が1.5%までは問題なく処理できるという報告があります。

しょうゆ

効果的な食べ方

食欲を高めるために使います。塩分を気にされる方がいらっしゃいますが、1.5%までは問題なく処理できるという報告があります。

基本の抗がん栄養素&レシピ

1年中手に入りやすい 常備したい抗がん食材

常備食材	含まれる抗がん栄養素
 にんじん	カロテン類、リコピン
 キャベツ	イオウ化合物、ビタミンC、ビタミンU
 かぼちゃ	カロテン類、ビタミンC、ビタミンE
 きのこ類	β-グルカン、ビタミンD
 海藻類	フコキサンチン、フコイダン、アルギン酸
玄米	ビタミンB群、フィチン酸
大豆製品	大豆イソフラボン、サポニン、テルペン

色の濃い食材を積極的に摂る

　もちろん、食事だけでがんの全てが解決するわけではありませんが、身体の処理能力を超える異物が侵入し続けたり、体内で必要に応じて発生した活性酸素を野放しにすることは、腫瘍の根本的な原因である「遺伝子に傷が付く」ことの解決に繋がりません。抗酸化作用のある食材や、肝臓に不必要な負荷をかけない食材を食べたいものです。基本的には色の付いた食材は抗酸化力のある成分、α-カロテンやβ-カロテンなどのカロテン類を多く含み、きのこや海藻類はβ-グルカンをはじめとする免疫力を高める成分を含みます。基本的には色の濃い食材がお薦めです。

がんに勝つ 基本の抗がん食材組み合わせ

果物
いちご、ブルーベリー、バナナ、キウイフルーツ、柑橘類、すいか、柿、なし、メロン、びわ、マンゴー、パパイヤ、びわ

野菜・海藻・豆類
明日葉、小松菜、チンゲンサイ、キャベツ、レタス、ブロッコリー、カリフラワー、ピーマン、パプリカ、オクラ、トマト、なす、きゅうり、きのこ類、かぼちゃ、かぶ、大根、ごぼう、にんじん、れんこん、昆布、ひじき、わかめ、黒豆、小豆、いんげん

調味料
味噌・しょうゆ
オリーブ油・ごま油

だし食材
かつおぶし・昆布
にぼし・干しえび貝柱・鶏肉

穀類・芋類
白米、玄米、雑穀
そば、さつまいも

肉・魚介・卵・乳製品
肉類（鶏、豚、馬、羊）、卵、鮭、青魚（アジ、イワシ、サバ、サンマ）、白身魚（カレイ、タラ、タイ）、赤身魚（マグロ、カツオ）、貝類（シジミ、アサリ、カキ）、乳製品（ヨーグルト、チーズ）

大豆製品
豆腐、高野豆腐、豆乳、ゆば、油揚げ、納豆

Dr.須﨑 アドバイス
この表をみながら、どんな食材が良いのかを経験を通じて覚えてください。肉や魚は、痩せすぎて闘う力が無くならないようにキチンと食べさせてください。

鮭の紙包み焼き

> 黄色部分 ＝抗がん栄養素

抗がんポイント
鮭に多く含まれる抗酸化物質のアスタキサンチンは加熱しても大丈夫なので、他の食材と一緒に、汁ごと食べましょう。

材料 / 抗がん栄養素
- 生鮭（1切れ）…60g （アスタキサンチン、EPA、DHA）
- 白米（炊飯済）…50g （糖質、ビタミンB₁、ビタミンB₂）
- しめじ…15g （β－グルカン、ビタミンD）
- キャベツ…¼枚 （イソチオシアネート、ビタミンC、U）
- ごぼう…10g （イヌリン、ペルオキシターゼ、ゼクロロゲン酸、モッコラクトン）
- 大根…15g （ペルオキシダーゼ、グルコシノレート、ジアスターゼ、イソチオシアネート）
- カリフラワー…15g （ビタミンC、イソチオシアネート、ステロール、インドール）
- 油揚げ…小1枚 （イソフラボン、レシチン）
- 味噌…ティースプーン1杯 （グルタミン酸、ビタミンB、E、コリン、レシチン、モリブデン、ナトリウム）

作り方
1. クッキングシートを30cm程度の長さ用意する。
2. 食材は犬が飲み込みやすい大きさに切る。
3. ①に②、炊いた白米、水で溶いた味噌を上からかけてしっかり包む。
4. 200度のオーブンで15分焼く。

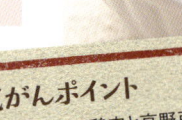

ミキサーにかけてもOK!

鶏肉と高野豆腐の黒酢炒め

材料 / 抗がん栄養素
- 鶏肉…60g （ビタミンA、ビタミンB₆、ナイアシン、オレイン酸、カルノシン）
- さつまいも…30g （アントシアニン、ビタミンC、β－カロテン、ガングリオシド）
- 高野豆腐…1個 （リノール酸、ビタミンE、大豆サポニン）
- ひじき…5g （フコイダン、カリウム、アルギン酸、食物繊維）
- パプリカ…⅙個 （ビタミンC、β－カロテン、カプサイシン）
- かぼちゃ…20g （β－カロテン、ビタミンB₁、B₂、C、E、ポリフェノール）
- 黒酢…小さじ1杯 （チロシン、トリプトファン）
- ごま油…適量 （オレイン酸、リノレン酸、ゴマリグナン、セサミン）

作り方
1. 食材は犬が飲み込みやすい大きさに切る。
2. フライパンにごま油を熱し、①を炒める。
3. 仕上げに黒酢をまわしかけて完成。

抗がんポイント
タンパク質補給として、鶏肉と高野豆腐はお薦めです。黒酢が苦手なら抜いても構いません。色の濃い野菜もお薦めです。

ミキサーにかけてもOK!

※分量は10kgのわんこ1回分の食事量で作成しております。

ミキサーにかけてもOK!

さんまと野菜のリゾット

抗がんポイント
魚は季節に応じて替えて構いませんし、肉に替えても構いません。カラフルな野菜と一緒に、美味しく仕上げてください。

材料 / 抗がん栄養素

材料	抗がん栄養素
サンマ…½匹	（EPA、DHA、カルシウム、ビタミンB₁₂）
玄米（炊飯済）…50g	（ビタミンB₁、ビタミンE、リノール酸、フィチン酸）
しいたけ…1個	（β-グルカン、ビタミンD）
昆布…5g	（フコイダン、カリウム、アルギン酸）
ピーマン…½個	（β-カロテン、ビタミンC、カプサイシン、ルチン）
トマト…⅙個	（リコピン、β-カロテン、αリノレン酸）
にんじん…10g	（リコピン、β-カロテン、カリウム、ビタミンC）
れんこん…10g	（タンニン、ムチン、ビタミンC）
カッテージチーズ…10g	（ビタミンA、B₂、乳酸菌）
豆乳…20cc	（ビタミンB₁、リノール酸、イソフラボン）
オリーブ油…適量	（ビタミンE、オレイン酸）

作り方

❶ 昆布は適量の水に浸してやわらかくしておく。

❷ サンマは焼いて骨を取り除き、身をほぐしておく。

❸ ①、野菜は犬が飲み込みやすい大きさに切る。

❹ フライパンにオリーブ油を熱し、③と②を炒める。

❺ ④に炊いた玄米、豆乳を入れてひと煮たちさせ、器に盛る。カッテージチーズを乗せて完成。

食欲がないときの 高カロリーごはん

|ミキサーにかけて食べやすく|

抗がんポイント
食欲が無いときは、甘み→エネルギー、脂肪→カロリー、タンパク質→筋肉を意識した食事が大事です。

豚バラとかぼちゃの炒め煮

材料
- 豚バラ肉…60g
- かぼちゃ…20g
- さつまいも…20g
- かぶ…20g
- 油揚げ…15g
- オリーブ油…適量
- 水…適量

抗がん栄養素
- （ビタミンB1、ビタミンB2、ビタミンE、ナイアシン）
- （β-カロテン、ビタミンB1、B2、C、E、ポリフェノール、ガングリオシド）
- （ビタミンC、ガングリオシド、食物繊維、ポリフェノール）
- （イオウ化合物）
- （ダイズイソフラボン）
- （オレイン酸、ビタミンE）

作り方
❶ 食材は犬が飲み込みやすい大きさに切る。
❷ フライパンにオリーブ油を熱し、①を炒める。
❸ ②に適量の水を加えてふたをし、具材に火が通るまで煮る。

※分量は10kgのわんこ1回分の食事量で作成しております。

噛む・飲み込む力がないときの
噛みやすい・飲み込みやすいごはん

＼ミキサーにかけて食べやすく／

抗がんポイント
誤飲→肺炎に気をつける。飲み込みやすい食材を使いながら、かかりつけの先生に指導を受けつつ食べさせてください。

とろろスープごはん

材料 / 抗がん栄養素

材料	抗がん栄養素
もずく…10g	（フコイダン）
ブロッコリー…10g	（β-カロテン、ルテイン、**インドール3カルビノール**、**スルフォラファン**）
A にんじん…10g	（β-カロテン、カリウム、リコピン）
大根…20g	（ビタミンC、ペルオキシダーゼ、**グルコシノレート**、ジアスターゼ、**イソチオシアネート**）
生鮭…1切れ	（アスタキサンチン、**EPA**、**DHA**）
やまいも…40g	（ムチン）
豆腐…40g	（サポニン、イソフラボン）
卵…1個	（シアル酸、レシチン、ビタミンA、B₂、B₁₂）
だし汁…1カップ	
にんにく…少量	（セレン、**イオウ化合物**、アリシン）

作り方
❶ Aは犬が飲み込みやすい大きさに切る。
❷ 鮭は焼いて骨を外して、身をほぐす。
❸ ボウルにすりおろしたやまいも、卵、豆腐を入れて混ぜ合わせる。
❹ フライパンにだし汁、①、すりおろしにんにくを入れて煮込む。食材に火が通ったら、②を加えてひと煮たちさせる。
❺ 器に盛る。

がん臓器別　抗がん栄養素＆レシピ

皮膚がん・扁平上皮がん 肥満細胞腫

❗ Dr.須﨑 アドバイス

皮膚にできるがん・腫瘍は、皮膚に原因がある場合と、皮膚以外の原因があって、その影響が皮膚に出てくる場合があります。切除してがん組織を取り除くことが多いと思いますが、がんになった原因を探って、原因そのものを取り除くことも再発防止に重要です。

このがんで積極的に摂りたい食材	含まれる抗がん栄養素
 かぼちゃ	β-カロテン、ビタミンC、ビタミンE、ルテイン、フェノール、セレン
 海草類	β-カロテン、フコキサンチン、フコイダン、アルギン酸、ビタミンB_1、ビタミンB_2
 にんにく	硫化アリル、アリキシン、テルペン、セレン
 貝類	タウリン
 納豆	たんぱく質、ビタミンB_2、ビタミンB_6、ビタミンE、ナットウキナーゼ
 玄米、発芽玄米、胚芽米	リグナン、ビタミンB_1、ビタミンE、フィチン酸

皮膚がん・扁平上皮がん・肥満細胞腫に効果的な食材円グラフ

果物
りんご、メロン、ベリー類（いちご、ブルーベリー）、バナナ、アボカド、すいか、柿、梨

野菜・海藻・豆類
明日葉、かぼちゃ、にんじん、セロリ、ごぼう、れんこん、なす、にら、まいたけ、しいたけ、しめじ、なめこ、海藻（ひじき、昆布、わかめ、もずく）、にんにく、アスパラガス、グリンピース、黒豆、くるみ

調味料
みそ、しょうゆ、はちみつ、黒糖、オリーブ油、ごま油

だし食材
小エビ、小魚、かつおぶし、干ししいたけ、昆布、鶏肉、ごま

肉・魚介・卵・乳製品
肉類（鶏肉、豚肉、馬肉、羊肉）、卵、鮭、青魚（アジ、イワシ、サバ、サンマ）、白身魚（カレイ、タイ、タラ）、赤身魚（マグロ、カツオ）、貝類（しじみ、アサリ、牡蠣）、乳製品（ヨーグルト、チーズ）

穀類・芋類
玄米、発芽玄米、胚芽米、そば、小麦、大麦、はと麦、やまいも、さつまいも、じゃがいも、ながいも、さといも

大豆製品
納豆、豆腐、高野豆腐、豆乳、ゆば

しじみあんかけご飯

黄色部分＝抗がん栄養素

材　料	抗がん栄養素
しじみむき身…100g	（メチオニン、タウリン、ロイシン）
豆腐…50g	（大豆イソフラボン）
ブロッコリー…3房	（ゼアキサンチン、ルテイン、イソチアネート、インドール3カルビノール、スルフォラファン）
A 鶏胸肉…50g	（ビタミンA、B6、ナイアイシン、オレイン酸、カルノシン）
赤パプリカ…20g	（ビタミンA、C、E、カプサイシン、カロテン）
黄パプリカ…20g	（ビタミンA、C、E、カプサイシン）
ごぼう…20g	（クロロゲン酸、イヌリン、リグニン）
アスパラガス…½本	（アスパラギン酸、フラボノイド、セリン）
にんにく…½片	（硫化アリル、イオウ化合物、セレン、アリシン）
ごま油…少々	（セサミン、オレイン酸、リノレン酸、ゴマリグナン）
発芽玄米（炊飯済）…70g	（ギャバ）
くず粉…3g	

作り方
① Aを犬が飲み込みやすい大きさに切る。
② フライパンにごま油を熱し、にんにく、鶏肉、野菜を炒める。
③ ②に炊飯済の発芽玄米ごはんを加えて炒めあわせ、器に盛る。
④ しじみ、豆腐を具材がつかるほどの水と共にひと煮立ちさせ、水溶きくず粉でとろみをつけ、③にかける。

抗がんポイント
貝類に含まれるタウリンは、発がん物質の影響を抑える作用が期待できるので、汁と身の両方を食べさせてください。

アサリごはん

材　料	抗がん栄養素
アサリむき身…80g	（ビタミンB12、タウリン）
高野豆腐…8g	（大豆イソフラボン、ビタミンB、大豆サポニン）
にんじん…30g	（β-カロテン、ビタミンC、カリウム、リコピン）
しいたけ…小1枚	（レンチナン、ビタミンB群）
A ごぼう…20g	（クロロゲン酸、モッコラクトン）
ひじき…5g	（フコイダン、カリウム、アルギン酸、食物繊維）
セロリ…15g	（ビタミンB2、C、β-カロテン）
さつまいも…50g	（ビタミンC、E、ガングリオシド、食物繊維、ポリフェノール化合物）
しめじ…25g	（β-グルカン、ビタミンB群）
発芽玄米（炊飯済）…50g	（ギャバ）
亜麻仁油…大さじ1	（リグナン、αリノレン酸）

作り方
① Aを犬が飲み込みやすい大きさに切る。
② フライパンに①と具材がひたるほどの水を加えて、具材に火が通るまで煮る。
③ ②に炊飯済みの玄米を加えて、軽く炒めあわせる。火をとめたら亜麻仁油をかける。

抗がんポイント
貝類に含まれるタウリンは、肝機能を高め、色の濃い野菜の抗酸化物質でがんが増えにくい身体の基礎を作ります。

※分量は10kgのわんこ1回分の食事量で作成しております。

ラム肉パンケーキ

材料

材料	抗がん栄養素
ラム肉…50g	（ビタミンB12、セリン、カルニチン）
舞茸…15g	（β-グルカン）
くるみ…7g	（リノール酸、αリノレン酸、ビタミンE、ユビキノン）
かぼちゃ…20g	（ビタミンC、アップルペクチン）
りんご…20g	（ビタミンB群）
ブルーベリー…20g	
にんにく（みじん切り）…¼片	硫化アリル、セレン、硫化アリル、アリシン）
小麦粉…40g	
卵…½個	（シアル酸、レシチン、ビタミンA、B2、B12）
ベーキングパウダー…2g	
プレーンヨーグルト…50g	（乳酸菌）

（材料のうちラム肉～ブルーベリーはAとしてまとめる）

作り方

❶ Aを犬が飲み込みやすい大きさに切る。

❷ ボウルに卵、小麦粉、ベーキングパウダー、適量の水を加えて混ぜておく。

❸ フライパンにオリーブ油を熱し、①のフルーツ以外の食材、にんにくを入れて炒め、火が通ったら②を加えて両面焼く。

❹ ③を犬が食べやすい大きさに切り分けて、りんご、ブルーベリー、ヨーグルトをかける。

抗がんポイント

ラム肉の独特の風味で食欲が回復し、フルーツ等の抗酸化物質と共にがんに負けない身体を作ります。

がん臓器別　抗がん栄養素&レシピ

悪性リンパ腫

❗ Dr.須﨑 アドバイス

　犬の悪性リンパ腫とは、全身に存在しているリンパ組織ががん化した状態です。リンパ節は白血球が異物（細菌など）を攻撃する場所なので、大量の異物を攻撃した際に放出した大量の活性酸素で組織ががん化している可能性があります。がん組織を小さくすると同時に、原因を特定・除去することが再発防止に繋がります。

このがんで積極的に摂りたい食材	含まれる抗がん栄養素
 キャベツ	イソチオシアネート（スルフォラファン）、ペルオキシダーゼ、ビタミンC、ビタミンK、ビタミンU、パントテン酸、ステロール、インドール
 にんじん	β-カロテン、クロロフィル、テルペン、ステロール、ビタミンC、ビタミンE、リコピン
 アスパラガス	β-カロテン、ビタミンC、アスパラギン酸、ルチン
 きのこ類	β-グルカン、ビタミンC、ビタミンD、食物繊維、レンチナン（しいたけのβ-グルカン）
 青魚	DHA、EPA、ビタミンA、ビタミンB$_1$
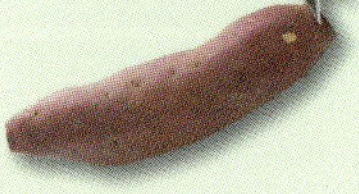 さつまいも	β-カロテン、ガングリオシド、ビタミンC、ビタミンE

悪性リンパ腫に効果的な食材円グラフ

果物
りんご、メロン、ベリー類（いちご、ブルーベリー）、バナナ、アボカド、すいか、柿、梨

野菜・海藻・豆類
キャベツ、かぼちゃ、セロリ、にんじん、ごぼう、なす、れんこん、にら、まいたけ、しいたけ、しめじ、なめこ、海藻（ひじき、昆布、わかめ、もずく）、にんにく、アスパラガス、グリンピース、黒豆、くるみ

調味料
みそ、しょうゆ、はちみつ、黒糖、オリーブ油、ごま油

だし食材
小エビ、小魚、かつおぶし、干ししいたけ、昆布、鶏肉、ごま

穀類・芋類
玄米、発芽玄米、胚芽米、そば、小麦、大麦、はと麦、やまいも、さつまいも、じゃがいも、ながいも、さといも

肉・魚介・卵・乳製品
肉類（鶏肉、豚肉、馬肉、羊肉）、卵、鮭、青魚（アジ、イワシ、サバ、サンマ）、白身魚（カレイ、タイ、タラ）、赤身魚（マグロ、カツオ）、貝類（しじみ、アサリ、牡蠣）、乳製品（ヨーグルト、チーズ）

大豆製品
納豆、豆腐、高野豆腐、豆乳、ゆば

> 黄色部分＝抗がん栄養素

> **抗がんポイント**
> 体重が減る主たる原因、筋肉の減少を防ぐために、鶏肉や高野豆腐、煮干しを活用し、抗酸化物質も一緒に摂取します。

ささみの芋煮風

材料 / 抗がん栄養素

- 鶏ささみ…60g（メチオニン、ビタミンA）
- さといも…30g（ムチン、ガラクタン、テルペン）
- A にんじん…30g（β-カロテン、カリウム、リコピン、ビタミンC）
- 高野豆腐…10g（イソフラボン、大豆サポニン）
- 舞茸…10g（β-グルカン）
- ブロッコリースプラウト…10g（スルフォラファン）
- 煮干し…5g（DHA、EPA）

作り方
① Aを犬が飲み込みやすい大きさに切る。
② フライパンに①、煮干し、具材がかぶる程度の水を加えて煮込む。
③ ②を器に盛り、ブロッコリースプラウトを添える。

豚肉とカラフル野菜のリゾット

材料 / 抗がん栄養素

- 豚肩ロース…60g（ビタミンB₁、B₂、E、ナイアシン）
- アスパラガス…30g（フラボノイド、セレン、アスパラギン酸）
- A プチトマト…2個（リコピン、β-カロテン、αリノレン酸）
- 玄米（炊飯済）…40g（ビタミンB群）
- にんにく（みじん切り）…適量（セレン、硫化アリル、アリシン）
- オリーブ油…適量（ビタミンE、オレイン酸）

作り方
① Aを犬が飲み込みやすい大きさに切る。
② フライパンにオリーブ油を熱し、にんにく、①を炒める。
③ ②の具材がかぶるほどの水を入れて具材がやわらかくなるまで煮込む。

> **抗がんポイント**
> 元気ビタミンのビタミンB₁と色の濃い野菜に含まれる抗酸化物質を一緒に摂取し、白血球が闘う力をサポートします。

※分量は10kgのわんこ1回分の食事量で作成しております。

抗がんポイント
DHAやEPAには、がん細胞の増殖や転移を抑制する作用が。DHAにはがん細胞を自滅させる作用も期待できます。

アジと大豆の炒め

材 料	抗がん栄養素
アジ…60g	(EPA、DHA)
A キャベツ…20g	(ビタミンC、イソチアネート、ビタミンU)
柿…20g	(ビタミンC)
大豆水煮…20g	(大豆イソフラボン)
わかめ…10g	(フコイダン)
ヨーグルト…適量	(乳酸菌)
ごま油…適量	(オレイン酸、リノレン酸、ゴマリグナン、セサミン)

作り方
❶ Aを犬が飲み込みやすい大きさに切る。
❷ アジは焼いて骨を外して、身をほぐす。
❸ フライパンに、ごま油を熱し、キャベツ、大豆水煮、わかめを加えて炒める。
❹ 器に②、③を混ぜ合わせて盛り、柿とヨーグルトをかける。

がん臓器別　抗がん栄養素＆レシピ

子宮・卵巣・精巣・前立腺がん

❗ Dr.須﨑 アドバイス

全身の微調整をしているホルモンに関する臓器の腫瘍で、通常は可能ならば切除されることが多く、悪性だとお腹の中で転移していることもある様です。そうならない様に若いうちに不妊手術を薦められますが、その後のホルモンバランスの崩れが気になります。

このがんで積極的に摂りたい食材	含まれる抗がん栄養素
 かぼちゃ	β-カロテン、ビタミンC、ビタミンE、ルテイン、フェノール、セレン
 トマト	リコピン、β-カロテン、ルテイン、ビタミンC、ビタミンE
 パプリカ、赤ピーマン	テルペン、β-カロテン、ビタミンC、ビタミンE、クロロフィル
 ホタテ	ビタミンB_1、ビタミンB_2、タウリン、セレン
 納豆	たんぱく質、ナットウキナーゼ、ビタミンB_2、ビタミンB_6、ビタミンE
 とうもろこし（完熟）	ビタミンB_1、ビタミンB_2、ビタミンE

子宮・卵巣・精巣・前立腺がんに効果的な食材円グラフ

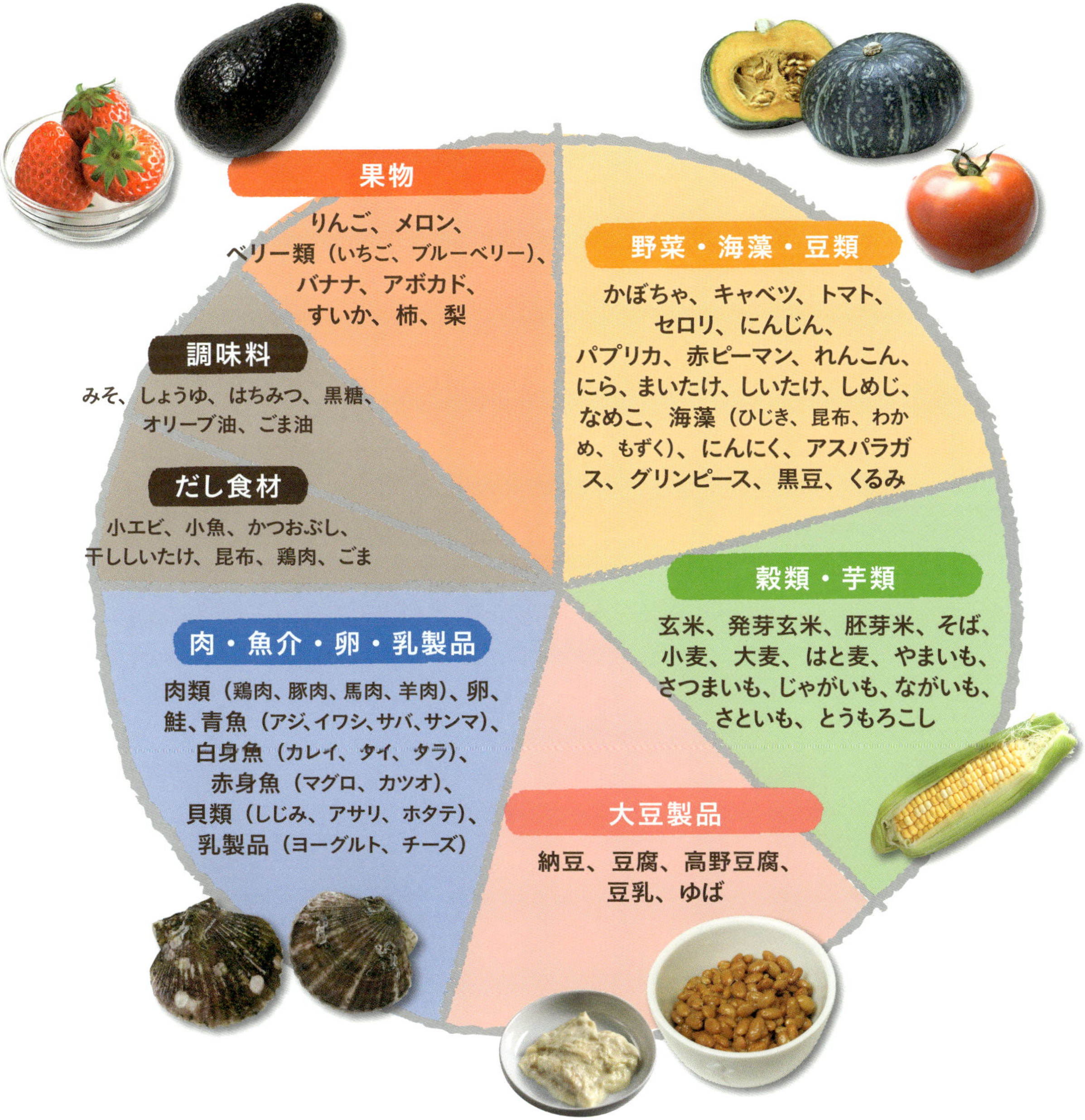

果物
りんご、メロン、ベリー類（いちご、ブルーベリー）、バナナ、アボカド、すいか、柿、梨

野菜・海藻・豆類
かぼちゃ、キャベツ、トマト、セロリ、にんじん、パプリカ、赤ピーマン、れんこん、にら、まいたけ、しいたけ、しめじ、なめこ、海藻（ひじき、昆布、わかめ、もずく）、にんにく、アスパラガス、グリンピース、黒豆、くるみ

調味料
みそ、しょうゆ、はちみつ、黒糖、オリーブ油、ごま油

だし食材
小エビ、小魚、かつおぶし、干ししいたけ、昆布、鶏肉、ごま

穀類・芋類
玄米、発芽玄米、胚芽米、そば、小麦、大麦、はと麦、やまいも、さつまいも、じゃがいも、ながいも、さといも、とうもろこし

肉・魚介・卵・乳製品
肉類（鶏肉、豚肉、馬肉、羊肉）、卵、鮭、青魚（アジ、イワシ、サバ、サンマ）、白身魚（カレイ、タイ、タラ）、赤身魚（マグロ、カツオ）、貝類（しじみ、アサリ、ホタテ）、乳製品（ヨーグルト、チーズ）

大豆製品
納豆、豆腐、高野豆腐、豆乳、ゆば

抗がんポイント
貝類に含まれるタウリンは、発がん物質の影響を抑える作用が期待できるので、汁と身の両方を豆乳と合わせて食べます。

黄色部分＝抗がん栄養素

ホタテの豆乳シチュー

材料　　　抗がん栄養素
- ホタテ…100g　（タウリン、ビタミンB_2、亜鉛）
- かぼちゃ…75g　（β－カロテン、ビタミンB_1、B_2、C、E、ポリフェノール、ガングリオシド）
- にんじん…10g　（クロロフィル、β－カロテン、カリウム、リコピン、ビタミンC）
- とうもろこし…20g　（ビタミンE、食物繊維、マグネシウム、セレニウム、ゼアキサンチン）
- 玄米（炊飯済）…60g　（フィチン酸）
- 豆乳…80cc　（大豆イソフラボン）
- 味噌…少々　（脂肪酸エチル、グルタミン酸、ビタミンB、E、コリン、レシチン、モリブデン、ナトリウム）

作り方
① 野菜とホタテは犬が飲み込みやすい大きさに切る。
② フライパンに①と具材がかぶる程度の水を加えて煮込む。
③ ②の食材がやわらかくなったら、豆乳と炊飯済の玄米を加えてひと煮たちさせて、少量の味噌で調味して完成。

抗がんポイント
イソフラボンにはホルモンに関係するがんを抑える作用が期待されますが、サプリメントで大量ではなく食材で摂取。

納豆チャーハン

材料　　　抗がん栄養素
- 豚モモ肉…75g　（ビタミンB_1、B_2、E、ナイアイシン）
- 赤ピーマン…40g　（カプサイシン）
- グリンピース…20g　（モリブデン、β－カロテン）
- 発芽玄米（炊飯済）…50g　（フィチン酸）
- 納豆…50g　（セレン、ナットウキナーゼ、たんぱく質、ビタミンB_2、B_6、E、カリウム）
- ごま油…適量　（ビタミンE、オレイン酸、リノレン酸、ゴマリグナン、セサミン）

作り方
① 豚肉、野菜は犬が飲み込みやすい大きさに切る。
② フライパンにごま油を熱し、①を炒める。
③ ②の食材に火が通ったら、納豆と炊飯済の発芽玄米を加えて炒めあわせる。

※分量は10kgのわんこ1回分の食事量で作成しております。

抗がんポイント
鮭のアスタキサンチンと、トマトのリコピンの抗酸化物質で、活性酸素から遺伝子が傷つけられるのを阻止します。

鮭とトマトのチャンプルー

材料
- 生鮭…100g
- トマト…30g
- 大根（根）…30g
- 大根（葉）…20g
- 舞茸…10g
- 胚芽米（炊飯済）…50g
- 木綿豆腐…65g
- オリーブ油…適量

抗がん栄養素
- （アスタキサンチン、EPA、DHA）
- （リコピン、β-カロテン、αリノレン酸）
- （イソチオシアネート、ペルオキシダーゼ、グルコシノレート、ジアスターゼ）
- （ビタミンC、β-カロテン）
- （β-グルカン）
- （ビタミンB1）
- （リノール酸、イソフラボン）
- （オレイン酸、ビタミンE）

作り方
❶ 野菜、豆腐は犬が飲み込みやすい大きさに切る。
❷ 鮭は焼いて骨を外して、身をほぐす。
❸ フライパンにオリーブ油を熱し、野菜を加えて炒める。
❹ ③に炊飯済の胚芽米、豆腐、②を加えてさらに炒める。

がん臓器別　抗がん栄養素&レシピ

口腔がん

🌸 Dr.須﨑 アドバイス

犬の悪性口腔がんには主に3種類あり、メラノーマ（悪性黒色腫）、扁平上皮がん、線維肉腫です。患部は痛みを引き起こすため、たくさんの涎を垂らし、食欲が低下し、口臭や口からの出血、顔が腫れる、口の片側だけで食べ物を噛むなどの症状で気づきます。

このがんで積極的に摂りたい食材	含まれる抗がん栄養素
かぶ	（葉）グルコシノレート、β-カロテン、ビタミンC （根）イソチオシアネート、インドール
キャベツ	β-カロテン、ビタミンC、ビタミンK、ビタミンU、イソチオシアネート（スルフォラファン）、ステロール、インドール
オクラ	葉酸、ガラクタン、ペクチン、β-カロテン
卵	ビタミンA（レチノール）、ビタミンB群、ヒスチジン
小エビ	アスタキサンチン
やまいも	ムチン、コリン、ビタミンB群、ビタミンC

口腔がんに効果的な食材円グラフ

果物
りんご、メロン、ベリー類（いちご、ブルーベリー）、バナナ、アボカド、すいか、柿、梨

野菜・海藻・豆類
キャベツ、オクラ、セロリ、にんじん、ごぼう、なす、まいたけ、しいたけ、しめじ、なめこ、海藻（ひじき、昆布、わかめ、もずく）、にんにく、アスパラガス、グリンピース、黒豆、くるみ、かぶ（葉・根）

調味料
みそ、しょうゆ、はちみつ、黒糖、オリーブ油、ごま油

だし食材
小エビ、小魚、かつおぶし、干ししいたけ、昆布、鶏肉、ごま

穀類・芋類
玄米、発芽玄米、胚芽米、そば、小麦、大麦、はと麦、やまいも、さつまいも、じゃがいも、ながいも、さといも

肉・魚介・卵・乳製品
肉類（鶏肉、豚肉、馬肉、羊肉）、卵、鮭、青魚（アジ、イワシ、サバ、サンマ）、白身魚（カレイ、タイ、タラ）、赤身魚（マグロ、カツオ）、貝類（しじみ、アサリ、牡蠣）、乳製品（ヨーグルト、チーズ）

大豆製品
納豆、豆腐、高野豆腐、豆乳、ゆば

鶏もも肉とお野菜たっぷり和風ポトフ

黄色部分＝抗がん栄養素

材料 / 抗がん栄養素

- 鶏もも肉…100g （カルノシン、ビタミンA、ビタミンB1、ナイアイシン、オレイン酸）
- キャベツ…20g （ビタミンC、K、U、β-カロテン、イソチオシアネート、ペルオキシダーゼ）
- かぼちゃ…20g （ビタミンB1、B2、C、E、β-カロテン、ポリフェノール、ガングリオシド）
- にんじん…20g （β-カロテン、クロロフィルテルペン、カリウム、リコピン、ビタミンC）
- じゃがいも…30g （ビタミンC、クロロゲン酸、カリウム、マグネシウム）
- 昆布…少量 （フコイダン）
- 水…250cc

作り方

1. 食材は犬が飲み込みやすい大きさに切る。
2. フライパンに①と水を加えて煮込む。
3. 飲み込みやすくするために、②をミキサーにかけてペースト状にしてもOK。

抗がんポイント

鶏肉で血行を良くし、抗酸化ビタミンの豊富な色の濃い野菜を摂取します。飲み込みにくい場合は、ミキサーを使います。

とろとろコーンクリームのマーボー豆腐

材料 / 抗がん栄養素

- タラ…1切れ （EPA、DHA、グルタチオン）
- トマト…20g （リコピン、β-カロテン、αリノレン酸）
- 豆腐…30g （サポニン、ビタミンE）
- とうもろこし…20g（コーンクリーム） （ビタミンE、セレニウム、食物繊維、マグネシウム、ゼアキサンチン）
- パセリ…少量 （ルテオリン）
- 豆乳…20g （サポニン、ビタミンE、イソフラボン）
- くず粉…少量 （プエラリン）
- 水…200cc

作り方

1. トマト、豆腐は犬が飲み込みやすい大きさに切る。
2. タラは焼いて骨を外して、身をほぐす。
3. フライパンに①、水を加えてフタをして煮込む。
4. ③にコーンクリーム、豆乳を加えてひと煮たちさせ、水溶きくず粉でとろみをつける。器に盛って、みじん切りパセリを乗せる。

抗がんポイント

コーンクリームの甘みととろみで食べやすくなります。白身魚もやわらかくて栄養豊富です。

※分量は10kgのわんこ1回分の食事量で作成しております。

たたきマグロとやまいもの温野菜和え

抗がんポイント
マグロの風味が食欲をそそり、抗酸化物質を含む野菜は加熱で柔らかくし、やまいもで飲み込みやすさをアップ。

材料 / 抗がん栄養素

材料	抗がん栄養素
マグロ…100g	(DHA、EPA)
かぶ…30g	(β-カロテン)
さつまいも…30g	(β-カロテン、ビタミンC、ガングリオシド、食物繊維、ポリフェノール化合物)
やまいも…40g	(ムチン)
ごま油…少量	(オレイン酸、リノレン酸、ゴマリグナン、セサミン)
青海苔…少量	(ポルフィラン、葉酸)

作り方
❶ かぶとさつまいもは犬が飲み込みやすい大きさに切る。
❷ マグロは包丁で細かくたたき、やまいもはすりおろす。
❸ ①をフライパンに入れ、具材がかぶる程度の水を加えて指でつぶせるほどやわらかくなるまで煮込む。
❹ ③とごま油を和え、②と青海苔を乗せる。

がん臓器別　抗がん栄養素＆レシピ

腎臓・膀胱がん

! Dr.須﨑 アドバイス

最近、よく水を飲んで沢山の尿をするなぁと思って検査に行ったら、泌尿器系に腫瘍が出来ていた、ということがあります。初期段階では症状が出にくく、検査で発見された頃には切除しないといけない様な状態になっていることがほとんどです。

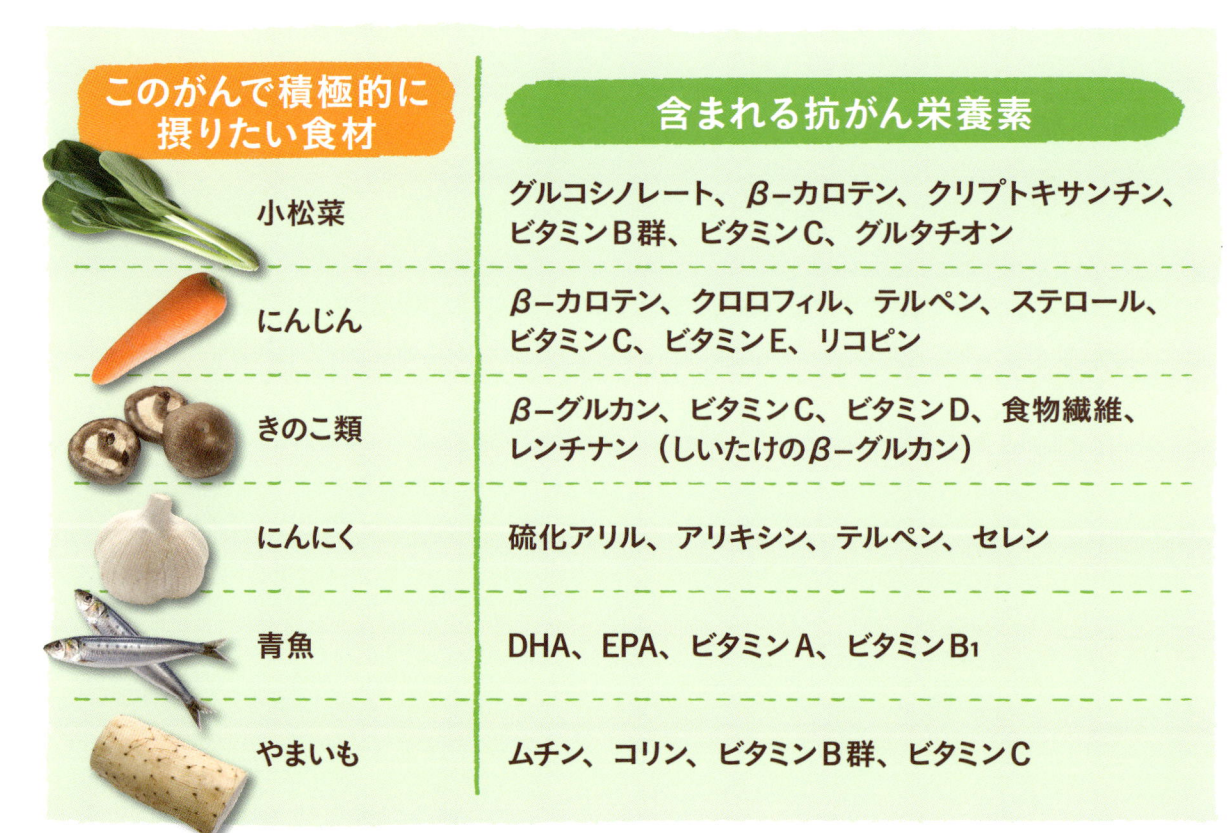

このがんで積極的に摂りたい食材	含まれる抗がん栄養素
小松菜	グルコシノレート、β−カロテン、クリプトキサンチン、ビタミンB群、ビタミンC、グルタチオン
にんじん	β−カロテン、クロロフィル、テルペン、ステロール、ビタミンC、ビタミンE、リコピン
きのこ類	β−グルカン、ビタミンC、ビタミンD、食物繊維、レンチナン（しいたけのβ−グルカン）
にんにく	硫化アリル、アリキシン、テルペン、セレン
青魚	DHA、EPA、ビタミンA、ビタミンB$_1$
やまいも	ムチン、コリン、ビタミンB群、ビタミンC

腎臓・膀胱がんに効果的な食材円グラフ

果物
りんご、メロン、ベリー類（いちご、ブルーベリー）、バナナ、アボカド、すいか、柿、梨

野菜・海藻・豆類
小松菜、キャベツ、かぼちゃ、セロリ、にんじん、ごぼう、なす、まいたけ、しいたけ、しめじ、なめこ、えのきだけ、海藻（ひじき、昆布、わかめ、もずく）、にんにく、アスパラガス、グリンピース、黒豆、くるみ

調味料
みそ、しょうゆ、はちみつ、黒糖、オリーブ油、ごま油

だし食材
小エビ、小魚、かつおぶし、干ししいたけ、昆布、鶏肉、ごま

穀類・芋類
玄米、発芽玄米、胚芽米、そば、小麦、大麦、はと麦、やまいも、さつまいも、じゃがいも、ながいも、さといも

肉・魚介・卵・乳製品
肉類（鶏肉、豚肉、馬肉、羊肉）、卵、鮭、青魚（アジ、イワシ、サバ、サンマ）、白身魚（カレイ、タイ、タラ）、赤身魚（マグロ、カツオ）、貝類（しじみ、アサリ、牡蠣）、乳製品（ヨーグルト、チーズ）

大豆製品
納豆、豆腐、高野豆腐、豆乳、ゆば

黄色部分 ＝抗がん栄養素

しじみの玄米リゾット

材料	抗がん栄養素
しじみ（むき身）…50g	（タウリン、ビタミンB₁₂、オルニチン）
にんじん…20g	（β－カロテン、クロロフィルテルペン、カリウム、リコピン、ビタミンC）
しいたけ…10g	（レンチナン、β－グルカン、エリタデニン）
切り昆布…5g	（食物繊維、フコイダン）
発芽玄米（炊飯済）…30g	（ギャバ、食物繊維、フィラ酸）
水…100ml	

作り方
❶ 野菜、昆布は犬が飲み込みやすい大きさに切る。
❷ テフロン加工のフライパンに①としじみ、水を加えてフタをして煮込む。
❸ ②に炊飯済の発芽玄米を加えて炒めあわせる。

抗がんポイント
貝類に含まれるタウリンは、発がん物質の影響を抑える作用が期待できるので、汁と身の両方を食べます。

イワシと小松菜の炒め

材料	抗がん栄養素
イワシ…1尾	（EPA、DHA）
小松菜…20g	（β－カロテン、ビタミンC、カリウム）
パプリカ…30g	（β－カロテン、ビタミンC）
にんにく（みじん切り）…少々	（硫化アリル、アリシン、イオウ化合物、セレン）
オリーブ油…大さじ1	（ビタミンE、オレイン酸）
パセリ…少々	（カリウム、β－カロテン）

作り方
❶ 小松菜、パプリカは犬が飲み込みやすい大きさに切る。
❷ イワシは焼いて骨を外して、身をほぐす。
❸ フライパンにオリーブ油を熱し、にんにく、①を炒める。
❹ 器に②と③を混ぜ合わせて盛り、みじん切りのパセリをかける。

抗がんポイント
イワシに含まれるDHAとEPAが、がん細胞の増殖や転移を抑制し、小松菜の抗酸化物質がサポートします。

※分量は10kgのわんこ1回分の食事量で作成しております。

鶏手羽先の豆乳味噌スープ

抗がんポイント
身体を暖める鶏肉と、緑黄色野菜の抗酸化物質、きのこの成分、やまいものトロトロで食欲増進。みそと豆乳で風味豊かに。

材料 / 抗がん栄養素

材料	抗がん栄養素
鶏手羽…2本	(ビタミンA)
やまいも…20g	(β-カロテン、ビタミンC)
かぼちゃ…20g	(β-カロテン、ビタミンB_1、B_2、C、E、ポリフェノール、ガングリオシド)
しめじ…10g	(β-グルカン、エリタデニン、食物繊維)
ブロッコリー…10g	(β-カロテン、ルテイン、グルタチオン、インドール3カルビノール、スルフォラファン)
豆乳…50ml	(ビタミンB_1、B_2、E、ナイアシン、イソフラボン)
味噌…小さじ1	(脂肪酸エチル、ビタミンB群、E、グルタミン酸、コリン、レシチン、モリブデン、ナトリウム)

作り方
❶ 野菜は犬が飲み込みやすい大きさに切る。
❷ テフロン加工のフライパンに①、手羽先を加えて炒め合わせる。
❸ ②に具材がかぶる程度の水を加えて肉に火が通るまで煮込む。
❹ ③に豆乳、味噌を加える。
❺ 手羽先の骨を外してから器に盛る。

がん臓器別　抗がん栄養素＆レシピ

骨肉腫

❗ Dr.須﨑 アドバイス

　老齢になった大型犬の四肢の骨に発生する、骨のがん（悪性腫瘍）です。激しい痛みが生じて足を引きずったり、肺に転移すると呼吸器症状が出ます。一般的な治療は断脚ですが、再発が珍しくなく、完治は期待できず、最終的には痛みの緩和ケアになることがほとんどです。ということは、患部だけに原因がある疾患ではないということでしょう。

このがんで積極的に摂りたい食材	含まれる抗がん栄養素
 しょうが	ジンゲロール、ショウガオール
 鶏肉（良質な肉）	ビタミンA、ビタミンB_1、ナイアシン
 豚肉（良質な肉）	ビタミンB_1、ビタミンB_2、ビタミンE、ナイアシン
 マグロ赤身	EPA、DHA、ビタミンD、ビタミンE、ナイアシン
 大豆・大豆製品	イソフラボン、サポニン、フラボノイド、テルペン
 玄米、発芽玄米、胚芽米	リグナン、ビタミンB_1、ビタミンE、フィチン酸
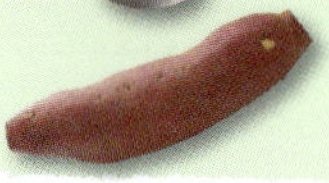 さつまいも	$β$-カロテン、ガングリオシド、ビタミンC、ビタミンE

骨肉腫に効果的な食材円グラフ

果物
りんご、メロン、ベリー類（いちご、ブルーベリー）、バナナ、アボカド、すいか、柿、梨

野菜・海藻・豆類
オクラ、キャベツ、かぼちゃ、セロリ、にんじん、大根（葉・根）、ごぼう、なす、しょうが、まいたけ、しいたけ、しめじ、なめこ、海藻（ひじき、昆布、わかめ、もずく）、にんにく、アスパラガス、グリンピース、黒豆、くるみ

調味料
みそ、しょうゆ、はちみつ、黒糖、オリーブ油、ごま油

だし食材
小エビ、小魚、かつおぶし、干ししいたけ、昆布、鶏肉、ごま

穀類・芋類
玄米、発芽玄米、胚芽米、そば、小麦、大麦、はと麦、やまいも、さつまいも、じゃがいも、ながいも、さといも

肉・魚介・卵・乳製品
肉類（鶏肉、豚肉、馬肉、羊肉）、卵、鮭、青魚（アジ、イワシ、サバ、サンマ）、白身魚（カレイ、タイ、タラ）、赤身魚（マグロ、カツオ）、貝類（しじみ、アサリ、牡蠣）、乳製品（ヨーグルト、チーズ）

大豆製品
納豆、豆腐、高野豆腐、豆乳、ゆば

マグロネバネバ丼

黄色部分＝抗がん栄養素

材料　　抗がん栄養素

マグロ赤身…70g　（DHA、ビタミンD、ビタミンE、ナイアシン、鉄、亜鉛）

納豆…30g　（たんぱく質、ビタミンB2、B6、E、ナットウキナーゼ、カリウム、マグネシウム、カルシウム、鉄分、セレン）

オクラ…4本　（葉酸、ガラクタン、ペクチン、β－カロテン、カリウム、カルシウム）

大葉…2枚　（β－カロテン、ペレルアルデヒド、鉄、ナトリウム、ビタミンB1、B2、C）

めかぶ…20g　（アルギン酸、フコイダン、カリウム、）

やまいも…100g　（ムチン、コリン、ビタミンB群、C、カリウム）

作り方

❶オクラはさっとゆでて、輪切りにしておく。
❷マグロは一口サイズに切り、やまいもはすりおろしておく。
❸大葉はせん切りにしておく。
❹①、②、納豆、めかぶを器に盛りよく混ぜる。
❺④に③を乗せたら出来上がり。

抗がんポイント
筋肉量を維持するために、タンパク質が豊富なマグロを飲み込みやすいネバネバ食材で和えましょう。

鶏肉のブルーベリー煮

材料　　抗がん栄養素

鶏もも肉…100g　（ビタミンA、B1、ナイアシン、オレイン酸）

さつまいも…70g　（β－カロテン、ガングリオシド、ビタミンC、E、食物繊維、ポリフェノール化合物）

キャベツ…40g　（ペルオキシダーゼ、イソチオシアネート、ビタミンC、U、K、パントテン酸）

にんじん…30g　（β－カロテン、クロロフィル、テルペン、ステロール、ビタミンC、E、カリウム、リコピン）

パセリ…少々　（β－カロテン、クロロフィル、ビタミンB1、B2、C）

豆腐…45g　（レシチン、大豆サポニン、イソフラボン）

ブルーベリー…50g　（アントシアニン、ビタミンE、カロテノイド）

作り方

❶パセリ以外の野菜、鶏肉、豆腐は犬が飲み込みやすい大きさに切る。
❷フライパンに①、ブルーベリー（冷凍でも可）、具材がかぶる程度の水を加えて煮込む。
❸②を器に盛り、みじん切りにしたパセリをかける。

抗がんポイント
筋肉量を維持するための鶏肉と、体内で発生する活性酸素の害を減らすための抗酸化物質を含む食材で闘う力をサポート。

※分量は10kgのわんこ1回分の食事量で作成しております。

抗がんポイント
豚肉のビタミンB_1が糖質からのエネルギー産生を進め、野菜に含まれる抗酸化物質が、がん遺伝子発生抑制に働きます。

生姜焼き丼

材 料	抗がん栄養素
豚ロース 80g	(ビタミンB_1、B_2、C、ナイアシン)
キャベツ…40g	(ビタミンC、K、U、イソチオシアネート、ペルオキシダーゼ、パントテン酸)
にんじん…20g	(β-カロテン、クロロフィル、テルペン、ステロール、ビタミンC、E)
大根(葉)…20g	(ビタミンC、β-カロテン)
大根(根)…20g	(β-カロテン、ビタミンC、アリルイソチオシアネート、ペルオキシダーゼ、グルコシノレート、ジアスターゼ)
胚芽玄米(炊飯済)…50g	(リグナン、ビタミンB_1、E、フィチン酸)
納豆…40g	(ビタミンB_6、ナットウキナーゼ、カリウム、マグネシウム)
しょうが…少々	(ショウガオール、ジンゲロール)
ごま油…少々	(オレイン酸、リノレン酸、ゴマリグナン、セサミン)

作り方
❶ しょうが、大根(根)はすりおろす。
❷ 豚肉、キャベツ、にんじん、大根(葉)は犬が飲み込みやすい大きさに切る。
❸ フライパンにごま油を熱し、②、しょうがすりおろしを炒める。
❹ ③に炊飯済みの胚芽玄米、納豆を加えて炒める。
❺ ④を器に盛り、大根おろしをかける。

がん臓器別　抗がん栄養素&レシピ

大腸がん

! Dr.須﨑 アドバイス

主な症状は、下血、血便、排便困難、平らな便が出てくるなどで、比較的早期発見しやすい腫瘍です。発症の主な原因は低繊維食で、便通が良くなく、発がん物質の影響を受ける時間が長かったことが問題です。まずは繊維の多い食事を摂って改善に導きます。

このがんで積極的に摂りたい食材	含まれる抗がん栄養素
ブロッコリー	スルフォラファン、β-カロテン、ルテイン、ビタミンC、セレン、クエルセチン、グルタチオン、グルカレイト
にんじん	β-カロテン、クロロフィル、テルペン、ステロール、ビタミンC、ビタミンE、リコピン
海草類	β-カロテン、フコキサンチン、フコイダン、アルギン酸、ビタミンB$_1$、ビタミンB$_2$
青魚	DHA、EPA、ビタミンA、ビタミンB$_1$
鮭	アスタキサンチン、DHA、EPA、ビタミンB群、ビタミンD
熟成されたヨーグルト	乳酸菌

大腸がんに効果的な食材円グラフ

果物
りんご、メロン、ベリー類（いちご、ブルーベリー）、バナナ、アボカド、すいか、柿、梨

野菜・海藻・豆類
ブロッコリー、キャベツ、かぼちゃ、セロリ、にんじん、ごぼう、なす、れんこん、にら、まいたけ、しいたけ、しめじ、なめこ、海藻（ひじき、昆布、わかめ、もずく）、にんにく、アスパラガス、グリンピース、黒豆、くるみ

調味料
みそ、しょうゆ、はちみつ、黒糖、オリーブ油、ごま油

だし食材
小エビ、小魚、かつおぶし、干ししいたけ、昆布、鶏肉、ごま

穀類・芋類
玄米、発芽玄米、胚芽米、そば、小麦、大麦、はと麦、やまいも、さつまいも、じゃがいも、ながいも、さといも

肉・魚介・卵・乳製品
肉類（鶏肉、豚肉、馬肉、羊肉）、卵、鮭、青魚（アジ、イワシ、サバ、サンマ）、白身魚（カレイ、タイ、タラ）、赤身魚（マグロ、カツオ）、貝類（しじみ、アサリ、牡蠣）、乳製品（ヨーグルト、チーズ）

大豆製品
納豆、豆腐、高野豆腐、豆乳、ゆば

サバと緑黄色野菜のスープごはん

黄色部分＝抗がん栄養素

材料	抗がん栄養素
サバ…60g	(EPA、DHA、ユビキノン)
にんじん…20g	(β－カロテン、カリウム、リコピン、ビタミンC)
ブロッコリー…30g	(スルフォラファン、インドール3カルビノール)
さつまいも…25g	(β－カロテン、ガングリオシド、食物繊維、ポリフェノール化合物)
シイタケ…1/2枚	(β－グルカン)
納豆…1/4パック	(タンパク質、セレン)
きざみ昆布…1つまみ	(フコイダン)
玄米(炊飯済)…50g	(ビタミンB群)
ごま油…少々	(オレイン酸、リノレン酸、ゴマリグナン、セサミン)

作り方
❶ 野菜、昆布は犬が飲み込みやすい大きさに切る。
❷ サバは焼いて骨を外して、身をほぐす。
❸ フライパンにごま油を熱し、①を炒め、具材がかぶる程度の水で煮込む。
❹ ③に炊飯済の玄米ごはん、納豆、②を加えて器に盛る。

抗がんポイント
サバに含まれるDHAとEPAのがん細胞の増殖抑制作用と、緑黄色野菜の食物繊維が便通を良くし、大腸がん対策に。

タラとワカメのスープパスタ

材料	抗がん栄養素
タラ…50g	(タンパク質)
にんじん…20g	(β－カロテン、カリウム、リコピン、ビタミンC)
ごぼう…20g	(ポリフェノール)
かぼちゃ…20g	(β－カロテン、ビタミンB_1、B_2、C、E、ポリフェノール、ガングリオシド)
ワカメ(乾燥)…1g	(フコイダン)
おから…20g	(食物繊維)
ブロッコリースプラウト…10g	(スルフォラファン)
煮干し粉…小さじ1	(DHA、EPA)
マカロニ…15g	

作り方
❶ マカロニとブロッコリースプラウト以外の食材は、フードプロセッサーにかけてペースト状にする。
❷ タラの骨が残っていたら、①から取り除く。
❸ フライパンに②を入れ、具材がつかる程の水を入れて煮込む。
❹ ③に火が通ったら、ゆでたマカロニを加えて、混ぜあわせる。
❺ ④を器に盛り、ブロッコリースプラウトを乗せる。

抗がんポイント
野菜の抗酸化物質が活性酸素対策となり、海藻やおからの食物繊維が、便通促進となって大腸がん対策になります。

※分量は10kgのわんこ1回分の食事量で作成しております。

抗がんポイント
鮭に含まれる抗酸化物質アスタキサンチンと緑黄色野菜のカロテン類やイオウ化合物が、がんの発生、増殖対策になります。

鮭とキャベツの煮込み

材料 / 抗がん栄養素

材料	抗がん栄養素
生鮭…50g	（EPA、DHA、アスタキサンチン）
キャベツ…大2枚	（イソチオシアネート、ビタミンC、U、ペルオキシダーゼ）
にんじん…15g	（β－カロテン、カリウム、リコピン、ビタミンC）
ブロッコリー…15g	（スルフォラファン、インドール3、カルビノール）
さつまいも…15g	（β－カロテン、ガングリオシド、食物繊維、ポリフェノール化合物）
おから…10g	（食物繊維）
桜えび…大さじ1	（アスタキサンチン）
ヨーグルト…大さじ2	（乳酸菌）
玄米（炊飯済）…40g	（ビタミンB群）
オリーブ油…少々	（オレイン酸、ビタミンE）
ブルーベリー…4粒 ※今回は冷凍を使用	（アントシアニン、ビタミンE、カロテノイド）

作り方

❶ 鮭は焼いて身をほぐし、骨を取り除く。

❷ 野菜は犬が飲み込みやすい大きさに切る。

❸ フライパンにオリーブ油を熱し、②、桜えび、おからを炒め、具材がかぶる程度の水を加えて煮込む。

❹ ③に火が通ったら、炊飯済の玄米ご飯、①を加えて混ぜ合わせる。

❺ ④を器に盛り、ヨーグルトをかけ、ブルーベリーを乗せる。

がん臓器別　抗がん栄養素&レシピ

血管肉腫

❗ Dr.須﨑 アドバイス

血管の内皮細胞に発生する悪性腫瘍で、血管の豊富な組織（脾臓や肝臓など）に多くみられる腫瘍です。皮膚や心臓にもできることがあります。肝臓や脾臓に出来た場合は腫瘍が破裂したり、心臓に出来た場合は心膜に水が溜まることがあります。

このがんで積極的に摂りたい食材	含まれる抗がん栄養素
 しょうが	ジンゲロール、ショウガオール
 しそ	β-カロテン、シソアルデヒド、ビタミンB_1、ビタミンB_2、ビタミンC
 パプリカ、赤ピーマン	テルペン、β-カロテン、ビタミンC、クロロフィル
 豚肉（良質な肉）	ビタミンB_1、ビタミンB_2
 大豆、大豆製品	イソフラボン、サポニン、フラボノイド、テルペン
 玄米、発芽玄米、胚芽米	リグナン、ビタミンB_1、ビタミンE、フィチン酸

血管肉腫に効果的な食材円グラフ

果物
りんご、メロン、ベリー類（いちご、ブルーベリー）、バナナ、アボカド、すいか、柿、梨

野菜・海藻・豆類
キャベツ、かぼちゃ、セロリ、にんじん、ごぼう、なす、パプリカ、赤ピーマン、しそ、まいたけ、しいたけ、しめじ、なめこ、海藻（ひじき、昆布、わかめ、もずく）、にんにく、アスパラガス、グリンピース、黒豆、くるみ、しょうが

調味料
みそ、しょうゆ、はちみつ、黒糖、オリーブ油、ごま油

だし食材
小エビ、小魚、かつおぶし、干ししいたけ、昆布、鶏肉、ごま

穀類・芋類
玄米、発芽玄米、胚芽米、そば、小麦、大麦、はと麦、やまいも、さつまいも、じゃがいも、ながいも、さといも

肉・魚介・卵・乳製品
肉類（鶏肉、豚肉、馬肉、羊肉）、卵、鮭、青魚（アジ、イワシ、サバ、サンマ）、白身魚（カレイ、タイ、タラ）、赤身魚（マグロ、カツオ）、貝類（しじみ、アサリ、牡蠣）、乳製品（ヨーグルト、チーズ）

大豆製品
納豆、豆腐、高野豆腐、豆乳、ゆば

抗がんポイント
納豆が腸内善玉菌を増やし、発がん物質を作る悪玉菌の増殖を抑え、血液中の活性酸素対策に色の濃い野菜が有益です。

黄色部分＝抗がん栄養素

里芋と納豆の**お好み焼き**

材料	抗がん栄養素
納豆…1パック	（イソフラボン、サポニン、フラボノイド、テルペン、セレン、たんぱく質、ビタミンB2、B6、E、ナットウキナーゼ、カリウム）
さといも…小3個	（ムチン、ガラクタン、テルペン）
パプリカ…10g	（テルペン、β-カロテン、ビタミンC）
大葉…2枚	（β-カロテン）
桜えび…大さじ1	（タウリン、キチン質）
しょうが（すりおろし）…少々	（ショウガオール、ジンゲロール）
焼き海苔…1枚	（ミネラル）

作り方
❶ パプリカ、大葉は細かく刻む。
❷ さといもはみじん切りにしてレンジにかけてやわらかくし、①、納豆、桜えび、しょうがと共にボウルに入れて、フォークでつぶす。
❸ ②を飲み込みやすい大きさに平たく成型し、片面に海苔を貼り、テフロン加工のフライパンで両面焼く。

豚肉とキャベツの**豆乳リゾット**

抗がんポイント
体力の低下を豚肉のビタミンB1が助け、野菜に含まれるイオウ化合物が活性酸素対策として作用します。

材料	抗がん栄養素
豚肩ロース…60g	（ビタミンB1）
白米（炊飯済）…100g	
ブロッコリー…10g	（β-カロテン、ルテイン、グルタチオン）
キャベツ…40g	（ビタミンC、イソチオシアネート）
豆乳…大さじ2	（イソフラボン、ビタミンE）
オリーブ油…少々	（ビタミンE、オレイン酸）
粉チーズ…少々	（ビタミンA）
大葉…1枚	（β-カロテン）

作り方
❶ 肉、野菜は犬が飲み込みやすい大きさに切る。
❷ フライパンにオリーブ油を熱し、①を炒めて火を通す。
❸ ②に炊飯済の白米、豆乳を加えてひと煮立ちさせる。
❹ 器に③を盛り、粉チーズをふりかける。

※分量は10kgのわんこ1回分の食事量で作成しております。

鮭と彩り野菜の豆腐ドリア

抗がんポイント
鮭に含まれる抗酸化物質アスタキサンチンと色の濃い野菜に含まれるカロテン類が血管肉腫の原因、活性酸素を迎え撃ちます。

材料 / 抗がん栄養素

材料	抗がん栄養素
生鮭…50g	(アスタキサンチン、EPA、DHA、ビタミンE)
玄米（炊飯済）…80g	(ビタミンB_1、B_2、D、E、フィチン酸)
パプリカ…10g	(テルペン、β-カロテン、ビタミンC)
しめじ…10g	(β-グルカン)
絹ごし豆腐…½丁	(イソフラボン、ビタミンE)
オリーブ油…少々	(ビタミンE、オレイン酸)
とろけるチーズ…少々	(ビタミンA)

作り方
❶ 鮭は焼いて身をほぐし、骨を取り除く。
❷ 野菜は犬が飲み込みやすい大きさに切り、レンジで軽く加熱しておく。
❸ 耐熱容器に①、②、炊飯済の玄米、オリーブ油、ペースト状にした豆腐を入れて混ぜ合わせる。
❹ ③にチーズをのせて、焦げ目が軽くつくまでオーブントースターで焼く。

がん臓器別　抗がん栄養素＆レシピ

肺がん

! Dr.須﨑 アドバイス

通常、初期段階での症状はありませんが、悪化してくると慢性的な咳が出てきて、さらに悪化すると呼吸困難に繋がります。飼い主さんが喫煙者の家に住んでいる犬が、喫煙者がいない家に住んでいる犬より、肺がんの発症率が6割高くなるという報告もあります。

このがんで積極的に摂りたい食材	含まれる抗がん栄養素
 小松菜	グルコシノレート、β-カロテン、クリプトキサンチン、ビタミンB群、ビタミンC、グルタチオン、
 かぼちゃ	β-カロテン、ビタミンC、ビタミンE、ルテイン、フェノール、セレン
 トマト	リコピン、β-カロテン、セレン、ビタミンC、ビタミンE
 鮭	アスタキサンチン、DHA、EPA、ビタミンB群、ビタミンD
 熟成されたヨーグルト	乳酸菌
 さといも	ムチン、マンナン、ガラクタン、ビタミンB_1

肺がんに効果的な食材円グラフ

果物
りんご、メロン、ベリー類（いちご、ブルーベリー）、バナナ、アボカド、すいか、柿、梨

野菜・海藻・豆類
小松菜、にんじん、セロリ、かぼちゃ、ごぼう、なす、トマト、にら、まいたけ、しいたけ、しめじ、なめこ、海藻（ひじき、昆布、わかめ、もずく）、にんにく、アスパラガス、グリンピース、黒豆、くるみ

調味料
みそ、しょうゆ、はちみつ、黒糖、オリーブ油、ごま油

だし食材
小エビ、小魚、かつおぶし、干ししいたけ、昆布、鶏肉、ごま

穀類・芋類
玄米、発芽玄米、胚芽米、そば、小麦、大麦、はと麦、やまいも、さつまいも、じゃがいも、ながいも、さといも

肉・魚介・卵・乳製品
肉類（鶏肉、豚肉、馬肉、羊肉）、卵、鮭、青魚（アジ、イワシ、サバ、サンマ）、白身魚（カレイ、タイ、タラ）、赤身魚（マグロ、カツオ）、貝類（しじみ、アサリ、牡蠣）、乳製品（ヨーグルト、チーズ）

大豆製品
納豆、豆腐、高野豆腐、豆乳、ゆば

黄色部分＝抗がん栄養素

鮭とアボカドの豆乳リゾット

材料　　抗がん栄養素

生鮭…1切れ100g　（アスタキサンチン、EPA、DHA）
豆乳…50cc　　　（イソフラボン）
アボカド…20g　（リノール酸、リノレン酸）
トマト…20g　　（リコピン、β-カロテン、αリノレン酸）
ひじき…小さじ1　（カルシウム、マグネシウム、フコイダン、カリウム、アルギン酸、食物繊維）
玄米（炊飯済）…60g　（ビタミンB1、B2、フィチン酸）
水…30cc

作り方

❶ 鮭は焼いて身をほぐし、骨を取り除く。
❷ トマト、アボカド、ひじきは犬が飲み込みやすい大きさに切る。
❸ フライパンに②、水を加えて、フタをして煮込む。
❹ ③に火が通ったら、炊飯済の玄米、豆乳、①を加えてひと煮立ちさせる。

抗がんポイント

良質のアボカドを選び、アボカド特有の脂肪族アセトゲニンや鮭のアスタキサンチンなどの抗酸化物質でがん対策に。

きなこと桜えびの卵とじおじや

材料　　抗がん栄養素

きなこ…20g　（大豆サポニン、イソフラボン、ビタミンE）
桜えび…大さじ1　（タウリン、銅、ビタミンB12）
卵…1個　　　（ビタミンA、B2、B12、シアル酸、レシチン）
グリーンピース…20g　（β-カロテン、モリブデン）
かぼちゃ…20g　（β-カロテン、ビタミンB1、B2、C、E、ポリフェノール、ガングリオシド）
里芋…20g　（ムチン、ガラクタン、テルペン）
玄米（炊飯済）…60g　（ビタミンB1、B2、フィチン酸）

作り方

❶ 里芋は皮をむき、各食材は犬が飲み込みやすい大きさに切る。
❷ フライパンに里芋、かぼちゃ、グリーンピース、桜えび、きなこ、具材がかぶる程度の水を加えて煮る。
❸ ②に炊飯済の玄米、溶き卵を加えてひと煮立ちさせたら完成。

抗がんポイント

きなこに含まれる大豆サポニンと桜えびや緑黄色野菜の抗酸化物質の共闘で、より強力な抗がん効果が期待できます。

※分量は10kgのわんこ1回分の食事量で作成しております。

納豆焼き飯〜ヨーグルトがけ〜

抗がんポイント
納豆が腸内善玉菌を増やし、発がん物質のもと、悪玉菌の増殖を抑える。緑黄色野菜ときのこの成分で抗がん対策に。

材料 / 抗がん栄養素

材料	抗がん栄養素
豚ひき肉…60g	(ビタミンB_1、B_2、E、ナイアシン)
ヨーグルト…大さじ1	(乳酸菌)
小松菜…20g	(β-カロテン、ビタミンC、E、カルシウム、鉄)
セロリ…20g	(ビタミンC、カリウム、食物繊維)
にんじん…20g	(β-カロテン、カリウム、リコピン、ビタミンC)
まいたけ…20g	(β-グルカン)
納豆…40g	(ビタミンB_2、B_6、E、セレン、たんぱく質、ナットウキナーゼ、カリウム)
玄米(炊飯済)…60g	(ビタミンB_1、B_2、フィチン酸)
オリーブ油…適量	(必須脂肪酸、ビタミンE、オレイン酸)

作り方
❶ 野菜、肉は犬が飲み込みやすい大きさに切る。
❷ フライパンにオリーブ油を熱し、①を火が通るまで炒める。
❸ ②に炊飯済の玄米、納豆を加えて炒め合わせる。
❹ ③を器に盛り、ヨーグルトをかけて完成。

がん臓器別　抗がん栄養素&レシピ

乳腺腫瘍

❗ Dr.須﨑 アドバイス

　雌犬に発生する全ての腫瘍の約50%が乳腺腫瘍で、その約50%が悪性で、さらにその約50%が転移性の高い病気です。逆に50%が良性で、悪性でも50%は転移性が低いとされています。月に一度程度乳腺のしこりの有無を確認してみてください。

このがんで積極的に摂りたい食材	含まれる抗がん栄養素
ブロッコリー	スルフォラファン、β-カロテン、ルテイン、ビタミンC、セレン、クエルセチン、グルタチオン、グルカレイト
 ほうれん草	β-カロテン、ビタミンC、ビタミンE、ルテイン、葉酸、クロロフィル、ステロール、フェノール
 きのこ類	β-グルカン、ビタミンC、ビタミンD、食物繊維、レンチナン（しいたけのβ-グルカン）
 青魚	DHA、EPA、ビタミンA、ビタミンB1
 小えび	アスタキサンチン
 玄米、発芽玄米、胚芽米	リグナン、ビタミンB1、ビタミンE、フィチン酸
 やまいも	ムチン、コリン、ビタミンB群、ビタミンC

乳腺腫瘍に効果的な食材円グラフ

果物
りんご、メロン、ベリー類（いちご、ブルーベリー）、バナナ、アボカド、すいか、柿、梨

野菜・海藻・豆類
ブロッコリー、キャベツ、かぼちゃ、セロリ、にんじん、ごぼう、なす、ほうれん草、まいたけ、しいたけ、しめじ、なめこ、海藻（ひじき、昆布、わかめ、もずく）、にんにく、アスパラガス、グリンピース、黒豆、くるみ

調味料
みそ、しょうゆ、はちみつ、黒糖、オリーブ油、ごま油

だし食材
小エビ、小魚、かつおぶし、干ししいたけ、昆布、鶏肉、ごま

穀類・芋類
玄米、発芽玄米、胚芽米、そば、小麦、大麦、はと麦、やまいも、さつまいも、じゃがいも、ながいも、さといも

肉・魚介・卵・乳製品
肉類（鶏肉、豚肉、馬肉、羊肉）、卵、鮭、青魚（アジ、イワシ、サバ、サンマ）、白身魚（カレイ、タイ、タラ）、赤身魚（マグロ、カツオ）、貝類（しじみ、アサリ、牡蠣）、乳製品（ヨーグルト、チーズ）

大豆製品
納豆、豆腐、高野豆腐、豆乳、ゆば

黄色部分＝抗がん栄養素

イワシと野菜のスープ

材料　　　抗がん栄養素
イワシ…3尾　（DHA、EPA、ユビキノン）
舞茸、えりんぎ、（β-グルカン）
しめじ…60g
ごぼう…50g　（食物繊維、イヌリン、ペルオキシダーゼ、クロロゲン酸、モッコラクトン）
にんじん…50g　（β-カロテン、カリウム、リコピン、ビタミンC）
味噌…少々　（グルタミン酸、ビタミンB、E、コリン、レシチン、モリブデン、ナトリウム）

作り方
❶ イワシは焼いて身をほぐし、骨を取り除く。
❷ 野菜は犬が飲み込みやすい大きさに切る。
❸ フライパンに②、具材がかぶる程度の水を加えて煮込む。
❹ ③に火が通ったら、①、少量の味噌を入れる。

抗がんポイント
イワシに含まれるDHAとEPAのがん細胞増殖抑制作用と、緑黄色野菜の抗酸化物質が乳腺腫瘍対策に。

厚揚げときのこの炒め

材料　　　抗がん栄養素
厚揚げ…½枚　（イソフラボン、大豆サポニン）
桜えび…大さじ2　（アスタキサンチン）
舞茸、えりんぎ、しめじ　（β-グルカン）
　…60g
納豆…1パック　（イソフラボン、たんぱく質、ビタミンB2、B6、E、ナットウキナーゼ、カリウム、セレン）
オリーブ油…適量　（ビタミンE、オレイン酸）

作り方
❶ 厚揚げ、きのこは犬が飲み込みやすい大きさに切る。
❷ フライパンにオリーブ油を熱し、①、桜えび、納豆を炒め合わせる。
❸ きのこに火が通ったら器に盛る。

抗がんポイント
大豆に含まれるイソフラボンはホルモンに関係するがんを抑える作用が。きのこの煮汁からは闘う力のサポートが期待できます。

※分量は10kgのわんこ1回分の食事量で作成しております。

抗がんポイント
貝類に含まれるタウリンは、発がん物質の影響を抑える作用が期待できるので、汁と身の両方をきのこの煮汁と合わせて。

きのこの**クラムチャウダーリゾット**

材 料 / 抗がん栄養素

材料	抗がん栄養素
アサリ（むき身）…大さじ2	（タウリン）
鶏肉…50g	（ビタミンA、B6、ナイアシン、オレイン酸、カルノシン）
にんじん…50g	（β－カロテン、カリウム、リコピン、ビタミンC）
じゃがいも…中1個	（ビタミンC）
舞茸、エリンギ、しめじ…80g	（β－グルカン）
ほうれん草…20g	（β－カロテン、ルティン、カルテノイド、ビタミンC）
水…100ml	
豆乳…50ml	（イソフラボン）
胚芽米（炊飯済）…40g	（ビタミンE）
オリーブ油…適量	（ビタミンE、オレイン酸）

作り方
❶鶏肉、野菜は犬が飲み込みやすい大きさに切る。
❷フライパンにオリーブ油を熱し、①、アサリのむき身を炒めあわせる。
❸②に火が通ったら、水、豆乳、炊飯済の胚芽米を加えて、フタをしてひと煮立ちさせる。

がん臓器別　抗がん栄養素&レシピ

メラノーマ

! Dr.須﨑 アドバイス

　メラニン色素を作る細胞ががん化して、口内の粘膜や舌に黒色の腫瘍ができる状態です。進行が早く、あごの骨にまで拡がっている場合はあごの骨を切除することになります。切除しても数ヶ月後に再発することも珍しくないので、患部だけに原因がある疾患ではないということでしょう。

このがんで積極的に摂りたい食材	含まれる抗がん栄養素
 かぼちゃ	β-カロテン、ビタミンC、ビタミンE、ルテイン、フェノール、セレン
 小松菜	グルコシノレート、グルタチオン、β-カロテン、ビタミンB群、ビタミンC
 海草類	β-カロテン、フコキサンチン、フコイダン、アルギン酸、ビタミンB_1、ビタミンB_2
 大豆、大豆製品	イソフラボン、サポニン、フラボノイド、テルペン
 とうもろこし（完熟）	ビタミンB_1、ビタミンB_2、ビタミンE
 鮭	アスタキサンチン、DHA、EPA、ビタミンB群、ビタミンD

メラノーマに効果的な食材円グラフ

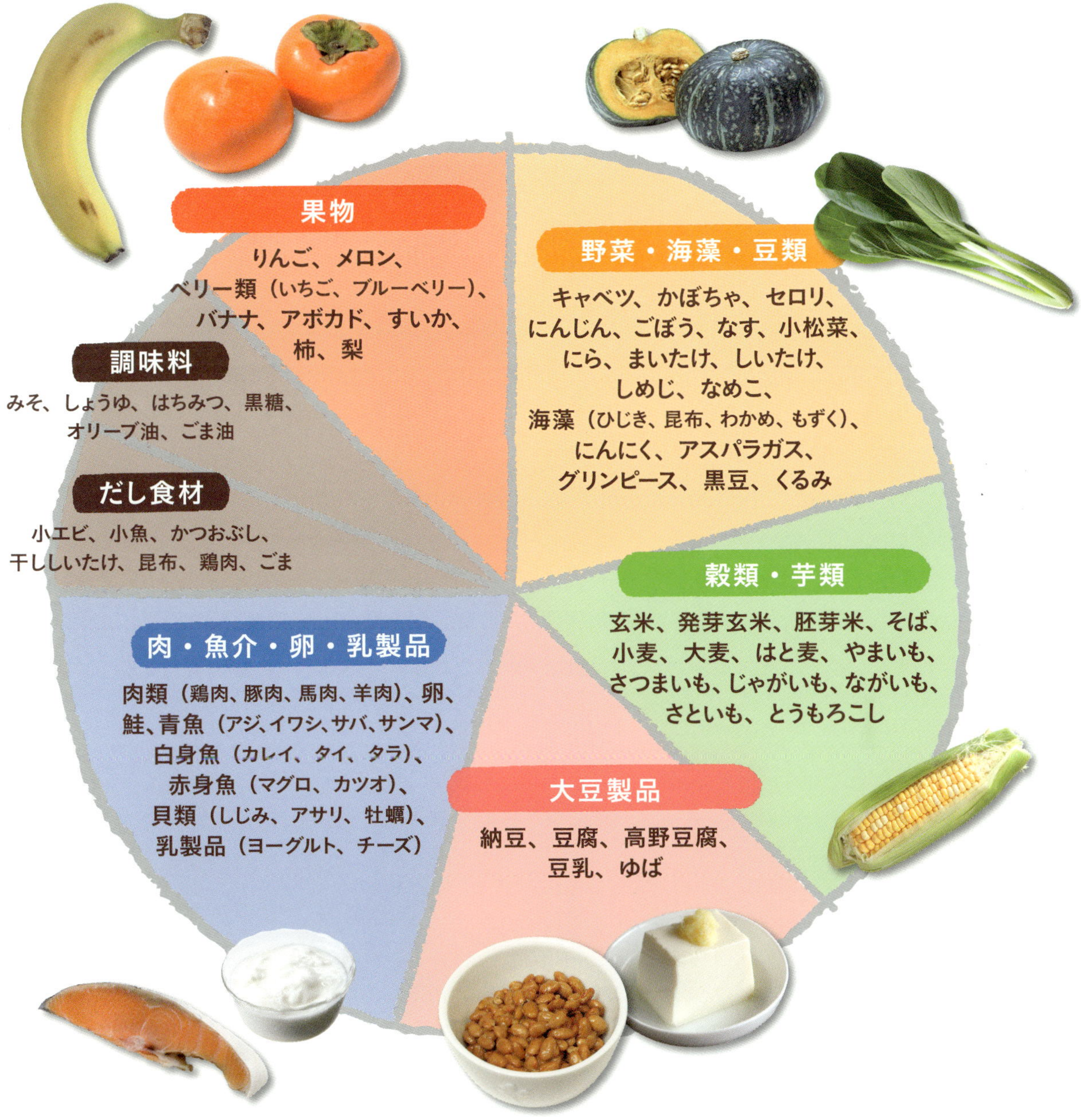

果物
りんご、メロン、ベリー類（いちご、ブルーベリー）、バナナ、アボカド、すいか、柿、梨

野菜・海藻・豆類
キャベツ、かぼちゃ、セロリ、にんじん、ごぼう、なす、小松菜、にら、まいたけ、しいたけ、しめじ、なめこ、海藻（ひじき、昆布、わかめ、もずく）、にんにく、アスパラガス、グリンピース、黒豆、くるみ

調味料
みそ、しょうゆ、はちみつ、黒糖、オリーブ油、ごま油

だし食材
小エビ、小魚、かつおぶし、干ししいたけ、昆布、鶏肉、ごま

穀類・芋類
玄米、発芽玄米、胚芽米、そば、小麦、大麦、はと麦、やまいも、さつまいも、じゃがいも、ながいも、さといも、とうもろこし

肉・魚介・卵・乳製品
肉類（鶏肉、豚肉、馬肉、羊肉）、卵、鮭、青魚（アジ、イワシ、サバ、サンマ）、白身魚（カレイ、タイ、タラ）、赤身魚（マグロ、カツオ）、貝類（しじみ、アサリ、牡蠣）、乳製品（ヨーグルト、チーズ）

大豆製品
納豆、豆腐、高野豆腐、豆乳、ゆば

黄色部分 ＝抗がん栄養素

温野菜のヨーグルトサラダ

材料　　　抗がん栄養素
かぼちゃ…50g　（β-カロテン、ビタミンB1、B2、C、E、ポリフェノール、ガングリオシド）
じゃがいも…50g　（ビタミンC、クロロゲン酸、カリウム、マグネシウム）
桜えび…大さじ2　（アスタキサンチン、キチン質）
マグロ…40g　（DHA、EPA）
アボカド…20g　（ビタミンE、ユビキノン）
豆腐…50g　（イソフラボン、ビタミンE）
ヨーグルト…30g　（乳酸菌）
オリーブ油…適量　（ビタミンE、オレイン酸）

作り方
❶ 食材は犬が飲み込みやすい大きさに切る。
❷ 豆腐は手でつぶしてから、ペーパータオルでくるみ、水切りをする。
❸ かぼちゃ、じゃがいも、桜えびはレンジで火を通しておく。
❹ ボウルに②、③、アボカド、ヨーグルト、マグロ、オリーブ油を入れて和える。

抗がんポイント
ヨーグルトに含まれる乳酸菌に、がん細胞の発生と増殖を抑える効果が期待でき、温野菜の抗酸化物質がサポートします。

豚ひき肉の小松菜炒めごはん

材料　　　抗がん栄養素
豚ひき肉…50g　（ビタミンB1、B2、ビタミンE、ナイアシン）
小松菜…30g　（グルコシノレート、β-カロテン、ビタミンC、カリウム）
えのき…20g　（β-グルカン）
納豆…50g　（ナットウキナーゼ、セレン、たんぱく質、ビタミンB6、B12、E、カリウム）
玄米（炊飯済）…50g　（ビタミンE）
卵…1個　（シアル酸、ビタミンA、B2、B12、レシチン）
グレープシードオイル…適量　（ポリフェノール）

作り方
❶ 食材は犬が飲み込みやすい大きさに切る。
❷ フライパンにグレープシードオイルを熱し、豚肉、野菜を炒めて火を通す。
❸ ②に納豆、炊飯済の雑穀ごはんを加えて混ぜ合わせる。
❹ ③を器に盛り、スクランブルエッグを乗せる。

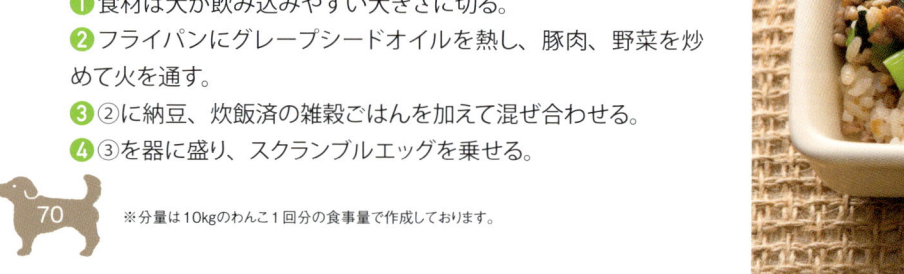

抗がんポイント
豚肉のビタミンB1が糖質からのエネルギー産生を進め、緑黄色野菜に含まれる抗酸化物質が、がん遺伝子発生抑制に働きます。

※分量は10kgのわんこ1回分の食事量で作成しております。

鮭と豆乳の押し麦リゾット

抗がんポイント
鮭に含まれるω3脂肪酸（オメガ）ががん細胞の増殖抑制作用を。同じく鮭のアスタキサンチンやかぶの抗酸化物質も有効。

材料 / 抗がん栄養素

材料	抗がん栄養素
生鮭…1切れ	（EPA、DHA、アスタキサンチン）
豆乳…50cc	（イソフラボン）
ひじき…小さじ1	（フコイダン、カリウム、アルギン酸、食物繊維）
かぶ…30g	（β－カロテン、ビタミンC）
しめじ…20g	（β－グルカン）
とうもろこし…20g	（ゼアキサンチン、セレニウム、ビタミンE、食物繊維、マグネシウム、ゼアキサンチン）
押し麦…30g	（ビタミンB群）
しょうが（すりおろし）…1片	（ジンゲロン、ショウガオール）
ブロッコリースプラウト…適量	（スルフォラファン）

作り方
❶ 食材は犬が飲み込みやすい大きさに切る。
❷ 鮭は焼いて身をほぐし、骨を取り除く。
❸ フライパンにひじき、かぶ、しめじ、とうもろこし、押し麦、しょうが、具材がかぶる程度の水を加えて煮込む。
❹ ③に火が通ったら、豆乳、②を加えてひと煮立ちさせる。
❺ ④を器に盛り、ブロッコリースプラウトを乗せる。

がん臓器別　抗がん栄養素＆レシピ

脾臓の腫瘍

🌸 Dr.須﨑　アドバイス

犬の脾臓に発生する腫瘍の3分の2は血管肉腫であるといわれております。悪化すると脾臓が肥大して破裂し、出血多量で死亡することがあります。そうなる前に外科手術で切除されるのが普通ですが、転移している場合は改善が難しいとされています。

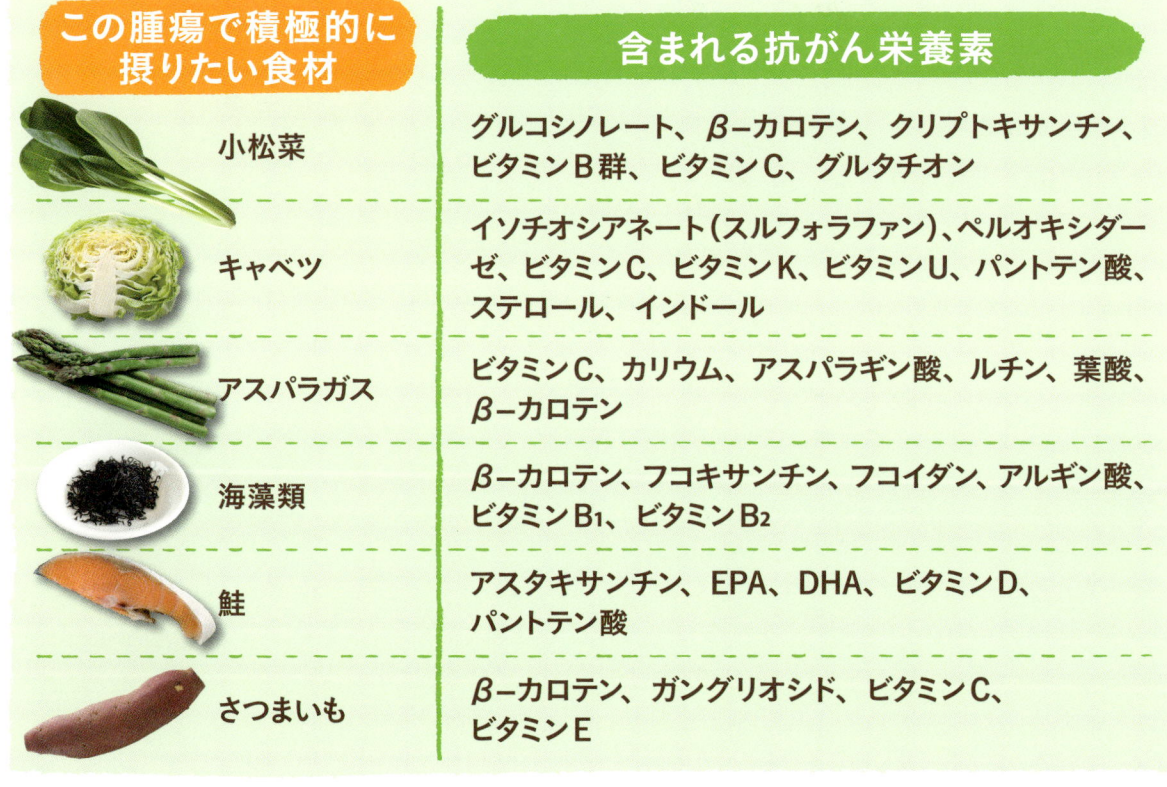

この腫瘍で積極的に摂りたい食材	含まれる抗がん栄養素
小松菜	グルコシノレート、β-カロテン、クリプトキサンチン、ビタミンB群、ビタミンC、グルタチオン
キャベツ	イソチオシアネート（スルフォラファン）、ペルオキシダーゼ、ビタミンC、ビタミンK、ビタミンU、パントテン酸、ステロール、インドール
アスパラガス	ビタミンC、カリウム、アスパラギン酸、ルチン、葉酸、β-カロテン
海藻類	β-カロテン、フコキサンチン、フコイダン、アルギン酸、ビタミンB_1、ビタミンB_2
鮭	アスタキサンチン、EPA、DHA、ビタミンD、パントテン酸
さつまいも	β-カロテン、ガングリオシド、ビタミンC、ビタミンE

脾臓の腫瘍に効果的な食材円グラフ

果物
りんご、メロン、ベリー類（いちご、ブルーベリー）、バナナ、アボカド、すいか、柿、梨

野菜・海藻・豆類
アスパラガス、キャベツ、かぼちゃ、春菊、にんじん、ごぼう、なす、小松菜、れんこん、まいたけ、しいたけ、しめじ、なめこ、海藻（ひじき、昆布、わかめ、もずく）、にんにく、アスパラガス、グリンピース、黒豆、くるみ

調味料
みそ、しょうゆ、はちみつ、黒糖、オリーブ油、ごま油

だし食材
小エビ、小魚、かつおぶし、干ししいたけ、昆布、鶏肉、ごま

穀類・芋類
玄米、発芽玄米、胚芽米、そば、小麦、大麦、はと麦、やまいも、さつまいも、じゃがいも、ながいも、さといも

肉・魚介・卵・乳製品
肉類（鶏肉、豚肉、馬肉）、鮭、青魚（アジ、イワシ、サバ、サンマ）、白身魚（カレイ、タイ、タラ）、赤身魚（マグロ、カツオ）、貝類（しじみ、アサリ、牡蠣）、乳製品（ヨーグルト、チーズ）

大豆製品
納豆、豆腐、高野豆腐、豆乳、ゆば

具沢山の煮浸し

黄色部分＝抗がん栄養素

材　料	抗がん栄養素
ささみ…55g	（ビタミンA、メチオニン）
小松菜…20g	（グルコシノレート、β-カロテン、ビタミンC、カリウム）
厚揚げ…40g	（カルシウム、ビタミンK、イソフラボン）
にんじん…10g	（β-カロテン、カリウム、リコピン、ビタミンC）
れんこん…10g	（ビタミンB12、C、カリウム）
さといも…40g	（ムチン、テルペン、ガラクタン）
いりこ…5g	（DHA、EPA）
芽ひじき…ひとつまみ	（カルシウム、β-カロテン、鉄分、フコイダン、カリウム、アルギン酸、食物繊維）
ごま油…少々	（オレイン酸、リノレン酸、ゴマリグナン、セサミン）

作り方
① 食材は犬が飲み込みやすい大きさに切る。
② フライパンにごま油を熱し、すべての食材を炒める。
③ ②に具材がかぶる程度の水を加えて煮込み、食材に火が通ったら完成。

抗がんポイント
野菜に含まれる抗酸化物質（カロテン類、イオウ化合物等）によるがん細胞の発生と増殖を抑える効果が期待できます。

鮭とたっぷり野菜の炒め煮

材　料	抗がん栄養素
生鮭…60g	（EPA、DHA、アスタキサンチン）
キャベツ…10g	（イソチオシアネート、ビタミンC、U、ペルオキシダーゼ）
アスパラガス…10g	（アスパラギン、セレン、フラボノイド）
わかめ…ひとつまみ	（フコダイン）
さつまいも…40g	（β-カロテン、ビタミンC、ガングリオシド、食物繊維、ポリフェノール化合物）
にんじん…10g	（β-カロテン、カリウム、リコピン、ビタミンC）
A ｢すりゴマ…小さじ½	（ビタミンE、セサミノール、セレン）
｣みそ…小さじ¼	（モリブデンナトリウム、レシチン、グルタミン酸、ビタミンB、E、コリン）
オリーブ油…適量	（オレイン酸、ビタミンE）

作り方
① 鮭は焼いて身をほぐし、骨を取り除く。
② 野菜、わかめは犬が飲み込みやすい大きさに切る。
③ フライパンにオリーブ油を熱し、②を炒めあわせて、具材がかぶる程度の水を加えて煮込む。
④ ③にA、①を加えて、さらにひと煮立ちさせる。

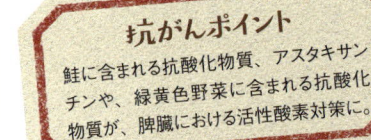

抗がんポイント
鮭に含まれる抗酸化物質、アスタキサンチンや、緑黄色野菜に含まれる抗酸化物質が、脾臓における活性酸素対策に。

※分量は10kgのわんこ1回分の食事量で作成しております。

抗がんポイント
さつまいも、かぼちゃの甘みが食欲を高め、色の濃い野菜に含まれるカロテン類等の抗酸化物質が、がん化を抑制します。

鶏肉の**パワフルサラダ**

材料
- 鶏胸肉…60g
- A
  - さつまいも…40g
  - かぼちゃ…20g
  - ごぼう…10g
  - 舞茸…10g
  - ゆで大豆…30g
- パセリ…少々
- くるみ…3g
- 豆乳…10g
- しょうゆ…少々

抗がん栄養素
- （ナイアシン、たんぱく質、ビタミンA、B₂）
- （ムチン、β－カロテン、ビタミンC、ガングリオシド、食物繊維、ポリフェノール化合物）
- （β－カロテン、ビタミンB₁、B₂、C、E、ポリフェノール、ガングリオシド）
- （銅、葉酸、イヌリン、クロロゲン酸、モッコラクトン、ペルオキシダーゼ）
- （β－グルカン）
- （モリブデン、銅、イソフラボン）
- （β－カロテン）
- （カロテン類、リノール酸、α-リノレン酸、ビタミンE、ユビキノン）
- （サポニン、ビタミンE）

作り方
❶ Aを犬が飲み込みやすい大きさに切る。
❷ 鶏肉はラップでくるんでレンジで火を通し、手で食べやすい大きさに裂いておく。
❸ テフロン加工のフライパンで、①、つぶしたクルミを火が通るまで炒める。
❹ ③に豆乳、しょうゆ、②を加えて炒めあわせて器に盛り、みじん切りパセリを散らす。

がん臓器別　抗がん栄養素&レシピ

肝臓がん

❗ Dr.須﨑 アドバイス

　肝臓がん（悪性腫瘍）は、初期はほとんど症状がありませんが、悪化すると食欲が無くなり、お腹が膨らんできます。肝臓から始まったがんであれば、外科的に切除すると予後は比較的良好ですが、転移性の場合は切除が難しく、予後もあまり良くはありません。

このがんで積極的に摂りたい食材	含まれる抗がん栄養素
かぼちゃ	β-カロテン、ビタミンC、ビタミンE、ルテイン、フェノール、セレン
きのこ類	β-グルカン、ビタミンC、ビタミンD、食物繊維、レンチナン（しいたけのβ-グルカン）
ゴボウ	ポリフェノール、イヌリン、アルギニン
貝類	タウリン
鮭	アスタキサンチン、DHA、EPA、ビタミンB群、ビタミンD
そば	ルチン

肝臓がんに効果的な食材円グラフ

果物
りんご、メロン、ベリー類（いちご、ブルーベリー）、バナナ、アボカド、すいか、柿、梨

野菜・海藻・豆類
キャベツ、かぼちゃ、セロリ、甘草、にんじん、ごぼう、なす、れんこん、にら、まいたけ、しいたけ、しめじ、なめこ、海藻（ひじき、昆布、わかめ、もずく）、にんにく、アスパラガス、グリンピース、黒豆、くるみ

調味料
みそ、しょうゆ、はちみつ、黒糖、オリーブ油、ごま油

だし食材
小エビ、小魚、かつおぶし、干ししいたけ、昆布、鶏肉、ごま

穀類・芋類
玄米、発芽玄米、胚芽米、そば、小麦、大麦、はと麦、やまいも、さつまいも、じゃがいも、ながいも、さといも

肉・魚介・卵・乳製品
肉類（鶏肉、豚肉、馬肉、羊肉）、卵、鮭、青魚（アジ、イワシ、サバ、サンマ）、白身魚（カレイ、タイ、タラ）、赤身魚（マグロ、カツオ）、貝類（しじみ、アサリ、牡蠣）、乳製品（ヨーグルト、チーズ）

大豆製品
納豆、豆腐、高野豆腐、豆乳、ゆば

鮭の豆乳シチュー

黄色部分＝抗がん栄養素

材　料	抗がん栄養素
生鮭…70g	(EPA、DHA、アスタキサンチン)
じゃがいも…50g	(ビタミンC、クロロゲン酸、カリウム、マグネシウム)
にんじん…30g	(β－カロテン、カリウム、リコピン、ビタミンC)
ブロッコリー…20g	(ルテイン、インドール3カルビノール、スルフォラファン)
豆乳…50〜100g	(イソフラボン)
みそ…少々	(レシチン、グルタミン酸、ビタミンB、E、コリン、モリブデン、ナトリウム)
水…100cc	

作り方
① 鮭は焼いて身をほぐし、骨を取り除く。
② 野菜は犬が飲み込みやすい大きさに切り、電子レンジで加熱する。
③ フライパンに①、②、水、豆乳を加えてひと煮立ちさせ、少量のみそで調味する。

抗がんポイント
みそには肝臓に蓄積した発がん物質を排出させる作用が期待され、鮭のアスタキサンチン等が活性酸素対策になります。

高野豆腐とラム肉の炒め煮

材　料	抗がん栄養素
羊肉…薄切り2〜4枚	(カルニチン、ビタミンB12)
高野豆腐…小4個	(イソフラボン、カルシウム、大豆サポニン)
グリンピース…15g	(カリウム)
かぼちゃ…20g	(β－カロテン、ビタミンB1、B2、C、E、ポリフェノール、ガングリオシド)
舞茸…15g	(β－グルカン)
オリーブ油…小さじ2	(オレイン酸、ビタミンE)

作り方
① 高野豆腐、肉、野菜は犬が飲み込みやすい大きさに切る。
② フライパンにオリーブ油を熱し、①を軽く炒め、具材がかぶる程度の水を加えて煮込む。
③ 水気が飛んだら器に盛る。

抗がんポイント
ラム肉独特の香りが食欲を高め、高野豆腐のイソフラボンや緑黄色野菜の抗酸化物質が、がんの原因排除に役立ちます。

※分量は10kgのわんこ1回分の食事量で作成しております。

アサリの柳川風そば

抗がんポイント
貝類に含まれるタウリンは、発がん物質の影響を抑える作用が期待できるので、汁と身の両方を煮汁と合わせて食べます。

材　料	抗がん栄養素
アサリ（むき身）…大さじ2	(タウリン)
卵…1個	(レシチン、シアル酸、ビタミンA、B₂、B₁₂)
しめじ…15g	(β-グルカン)
ごぼう…15g	(イヌリン、クロロゲン酸、モッコラクトン、ペルオキシダーゼ)
アスパラガス…20g	(アスパラギン酸、フラボノイド、セレン)
そば（ゆでたもの）…50g	(ルチン、ポリフェノール)
かつおぶし…少々	(EPA、DHA)
水…100cc	

作り方
❶ ゆでたそばを食べやすい大きさに切る。
❷ 野菜は犬が飲み込みやすい大きさに切る。
❸ フライパンに②、アサリ、水、かつおぶしを加えて煮る。具材に火が通ったら卵をまわしかける。
❹ 器に①を盛り、③をかける。

Column

ちょっとした工夫で食べやすく

食欲を誘う調理法の工夫

焼いた鶏肉
効果的な食べ方
肉を焼いた香りは、犬の食欲を刺激し、生肉より食品衛生上もオススメです。

肉を炒める
効果的な食べ方
犬の食欲が落ちたとき、肉を焼いた香りで、食欲が復活する場合もあります。

焼き魚
効果的な食べ方
肉より魚が好きな犬には香りが強くなる焼き魚が好評なことがあります。

ふりかけ
効果的な食べ方
あまり香りがない食事が、ふりかけのトッピングで食欲が高まることも。

飲み込みやすい食材

トロロ
効果的な食べ方
口元に付くとかゆいのは人と同じですが、飲み込みやすくなる作用はダントツです。

つぶしたマグロ
効果的な食べ方
口に腫瘍が出来て食べにくい、飲み込みにくいときに簡単にできる栄養補給。

卵黄
効果的な食べ方
トロトロのスクランブルエッグにしてもOK。

バナナ
効果的な食べ方
糖質とビタミンBを含むバナナは、食事量が限られてきたときの重要食材。

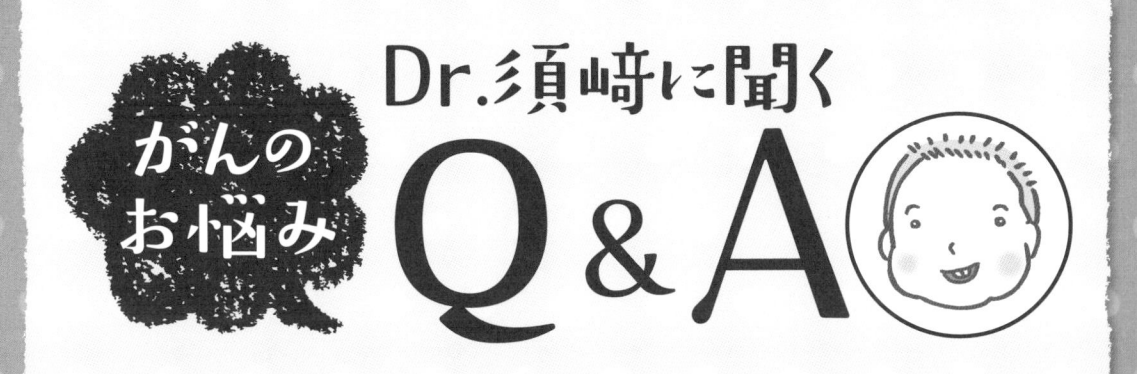

がんのお悩み Dr.須﨑に聞く Q&A

不安解決 Part1
がんに勝つ万能食材 …… P82

不安解決 Part2
がんにまつわるウワサ検証 …… P88

不安解決 Part3
がんにまつわる素朴な疑問 …… P94

不安解決 | Part1
がんに勝つ万能食材

Q 「がんに勝つ万能食材」を教えてください。

A がん予防効果の可能性がある食品「デザイナーフーズ」

活性酸素に対抗する植物由来の抗酸化物質

がんに勝つためには、「出来たがん細胞を自らの白血球で処理できる身体を取り戻す」正常化がポイントとなります。

　白血球の処理能力を高めるために有効なのが遺伝子が傷付くことを抑えてくれる「抗酸化物質」です。抗酸化物質には沢山の種類がありますが、最も有効とされるのが植物に含まれる抗酸化物質、"ファイトケミカル"です。ファイトケミカルを豊富に含み、白血球の闘う力をサポートする食材を一覧表にしたのが右の「デザイナーフーズ」です。ピラミッドの上段に行く程、効果が高いと言われていますが、何かひとつの食材を食べるよりも、多くの種類を食べた方が有効と言われています。本書で紹介しているレシピの様に、いろいろな野菜、肉、魚などと共に調理して食べるのがベストです。

　デザイナーフーズには、犬が食べてはいけない食材のネギやタマネギが含まれますが、これらは与えてはいけません（右の図では削除済み）。にんにくも少量にとどめます（詳細はP.92参照）。

がん予防の可能性のある食品

↑高 重要度

キャベツ
ニンニク
大豆、しょうが
セリ科の野菜
（にんじん、セロリ、
パースニップ）

ターメリック(ウコン)
全粒小麦、亜麻、玄米
かんきつ類
（オレンジ、レモン、グレープフルーツ）
ナス科の野菜
（トマト、ナス、ピーマン）
アブラナ科の野菜
（ブロッコリー、カリフラワー、芽キャベツ）

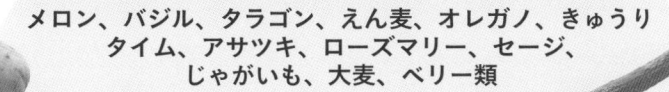

メロン、バジル、タラゴン、えん麦、オレガノ、きゅうり
タイム、アサツキ、ローズマリー、セージ、
じゃがいも、大麦、ベリー類

白血球数を増やす野菜

①ニンニク　②しその葉　③生姜　④キャベツ

サイトカイン分泌能力のある野菜

①キャベツ　②なす　③ダイコン　④ホウレンソウ　⑤キュウリ

サイトカイン分泌能力のある果物

①バナナ　②スイカ　③パイナップル　④ブドウ　⑤梨

デザイナーフーズリスト（がん予防の可能性のある食品）アメリカ国立がん研究所発表

がんに勝つ万能食材

Q 寒がります。体を温めてあげる方法は？

A 体を温める食品を食べて、免疫力を大幅アップ

血液リンパの流れを良くして低体温を改善。

摂取した栄養素・成分が必要な部位に届くためには、血液で運ばれる必要がありますが、「低体温」や「血流障害」では、せっかく摂取した成分が必要な場所に届かないということが起こります。

体温が１度上がれば、免疫力が５〜６倍に強化されるという発表もあります。食事は根菜類や玄米などをおじやにし、人肌程度に温めて食べさせます。腰に温めたタオルをあてて、優しくマッサージするのも有効でしょう。

Q 体に溜まった老廃物を排出するには？

A 食物繊維豊富な野菜で毒出しし、発酵食品で腸を正常化させる

腸粘膜の強化には、ネバネバした食材や発酵食品がオススメ！

　腸内には細菌や化学物質などの異物が多く、それらが身体に不用意に入ってこないようにするため、腸粘膜には沢山の白血球が待機し、見張っています。必要とあれば、攻撃もします。その腸粘膜を正常に維持するために重要なのは「何を食べるか」です。腸粘膜は、腸内容物を直接栄養にしているため、何も食べない時期が続くと、粘膜を正常に保てなくなります。腸粘膜の強化には、ネバネバ食材、納豆やヨーグルトなどの発酵食品がオススメです。

がんに勝つ万能食材

Q このがんには、この食材が効くなどありますか？

A いくつかの研究結果はありますが、情報に固執しない事が大切！

参考になる情報ではありますが盲信できる段階ではありません。

　ヒトに対する食事のガイドラインとして、右の表がありますが、確かに参考になる部分はあってもこれから大規模な調査研究をしなければならなかったり、条件設定が難しかったり、統計処理が適切かどうかという問題があって、「明らかにこれは大丈夫・ダメ」という線引きをするのが難しいのが現状です。

　特に栄養素は、消化吸収された後は血液に乗って全身に運ばれるため、特定の臓器にのみ運ばれることを期待するのは難しいという現実があります。

　がん発生の基本はヒトも犬も「細胞の増殖調節をしている遺伝子に、活性酸素などにより傷が入り、通常修復されるはずの傷が修復されずにがん遺伝子になる」ことにあります。この本は右の表も参考にしましたが、どのがんレシピを使っても各抗がん効果を邪魔したりするものではありません。また、「がんになった根本原因」が残っている場合は食事療法だけでは改善が難しい場合もあります。とはいえ、せっかく右のようなデータがあるのですから、可能な範囲で取り入れてみるのもいいでしょう。

「確実」「おそらく確実」な要因のまとめ（2007年世界がん研究基金）

食物・栄養・運動とがん予防の判定

⬇⬇⬇ リスク低下は「確実」。　⬇⬇ リスク低下は「おそらく確実」。
⬆⬆⬆ リスク上昇は「確実」。　⬆⬆ リスク上昇は「おそらく確実」。

口腔・咽頭・喉頭
野菜※1	⬇⬇
果物※2	⬇⬇

※1…カロテン類を含む食物
※2…カロテン類を含む食物

鼻咽頭
広東風塩蔵魚	⬆⬆

食道
野菜※1	⬇⬇
果物※2	⬇⬇
マテ茶	⬆⬆
肥満	⬆⬆⬆

※1…β-カロテンを含む食物。ビタミンCを含む食物。
※2…β-カロテンを含む食物。ビタミンCを含む食物。

肺
果物※2	⬇⬇
飲料水中のヒ素	⬆⬆⬆

※2…カロテン類を含む食物。

すい臓
葉酸を含む食物	⬇⬇
肥満	⬆⬆⬆
腹部肥満	⬆⬆

乳房（閉経前）
肥満	⬇⬇
授乳（母親）	⬇⬇⬇

胃
野菜	⬇⬇
ネギ属野菜（ネギ・タマネギ・ニンニク等）	⬇⬇
果物	⬇⬇
塩分・塩蔵食品	⬆⬆

肝臓
アフラトキシン（カビ毒）	⬆⬆⬆

大腸
食物繊維を含む食物	⬇⬇
ニンニク	⬇⬇
肉類	⬆⬆⬆
加工肉	⬆⬆⬆
カルシウムの多い食事※3	⬇⬇
運動	⬇⬇⬇
肥満	⬆⬆⬆
腹部肥満	⬆⬆⬆

※3…大腸がんに対する牛乳とサプリメントを用いた研究からの知見。

胆のう
肥満	⬆⬆

乳房（閉経後）
運動	⬇⬇
肥満	⬆⬆⬆
腹部肥満	⬆⬆

子宮体部
運動	⬇⬇
肥満	⬆⬆⬆
腹部肥満	⬆⬆

前立腺
リコピンを含む食物	⬇⬇
セレンを含む食物	⬇⬇
カルシウムの多い食事	⬆⬆

腎臓
肥満	⬆⬆⬆

皮膚
飲料水中のヒ素	⬆⬆

出典　World Cancer Research Fund / American Institute for Cancer Research. Food, Nutrition, Physical Activity, and the Prevention of Cancer: a Global Perspective. Washington DC: AICR, 2007:370.

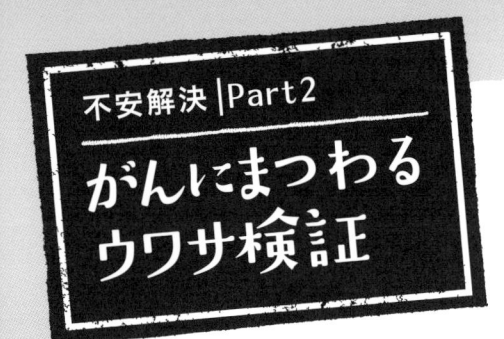

不安解決 | Part2
がんにまつわるウワサ検証

Q「ごはん」を食べるとがんになるとききました。

A 白米を食べてがんになるなら、日本人は弥生時代からみんながんのはず？

身体には血糖値を一定にする仕組みがあるので無意味です。

　その間違った噂の元情報は、「通常の細胞は糖質（グルコース）も脂肪もエネルギー源に出来る」けれど、「試験管の中などで行われた生体外の実験」では「がん細胞は脂肪をエネルギー源に出来ないけれど、グルコースならエネルギー源に出来る」ケースが見つかり、「糖質制限をしたら、がん細胞を兵糧攻めに出来る」と考えた方がいらっしゃったことによります。もちろん、試験管の中ではその様な結果になるでしょうし、がん細胞は正常な細胞に比べて活動が活発なため、3～8倍のグルコースを取り込むという特徴があるため、その特徴を利用して沢山グルコースを取り込む細胞を探すがん検査（PET検査）が実用化されています。だから、ごはん（グルコース源）を制限すれば、がん細胞が死滅したり、がんにならない、逆に、ごはんを食べるとがんになる…という発想が出てきたようですが、身体には「血糖値を一定に保つ」という仕組みがあるため、ごはんを制限しても血糖値は一定なので、がん細胞は自由に取り放題ですから、特に制限する意味はありません。

Q 食事よりも、がん撃退効果のある栄養素を
サプリメントで大量摂取したほうがいいですか？

A 食事でいろいろな成分を摂るのが
オススメです。

何事も適度な分量であることが
健康ポイントです。

　有名なヒトの調査報告で、喫煙者における肺がん予防のために抗酸化物質であるβ－カロテンをサプリメントとして大量投与した群と投与しなかった群で調べたら、β－カロテン投与群の死亡率が上がったり、同様の心臓血管での試験でも、やはりβ－カロテン投与群の結果が悪いという報告があります。

　一般的には、少量で好ましい結果が出るなら、沢山摂取したらもっと良い結果になるのではないかと考えがちですが、身体は複雑ゆえ、必ずしもそういう単純な結論になるわけではないようです。

　しかし、この様な「栄養素のがんに与える影響」において明確な結果が出ている成分は実は少なく、現在調査が進行中だったり、個々のケースで手探りで進めているのが現状です。結局は様々な栄養素が自然に含まれる食材から栄養を摂ることが一番安心な上、効果があると言えるでしょう。

がんにまつわるウワサ検証

Q 水道水は飲ませても大丈夫でしょうか？

A お住まいの地域の水質によります。

飼い主さんが納得できる水質ならばよろしいです。

　最初に申し上げたいのは、気にしだしたらキリが無いということです。私は職業柄いろいろな情報を入手するので、試していますが、一般の飼い主さんがそれをし出したら、日常生活を穏やかに過ごすのは難しくなるかもしれません。

　水に関しては、私の山形の実家は水源地に近く、美味しい水が水道から出てくるので、そのまま飲んでいました。しかし、地域によっては水源地から遠かったり、地理的な問題でそのまま水を飲むのは難しいこともあるかもしれません。また、とある施設で出していただいたお茶を飲んだら不思議な味がして、お水をいただいたら飲み込むのをためらう様な味だった……ということもありました。

　最近は浄水器をつけるという選択肢もあります。心配ならば、適切な頻度でフィルターを交換しつつ、浄水器や浄水ポットを活用したり、ペットボトルのミネラルウォーターや、宅配してくれる水を飲むという選択肢もあると思います。

Q がんに有効といわれるきのこの中でも、特に舞茸に含まれる「Dフラクション」という栄養素がいいとききました。

A 「Dフラクション」は栄養素ではありません。舞茸に含まれるβ-グルカンのグループ名です。

β-グルカンを豊富に含む舞茸の成分の一つです。

　栄養学の基礎として、多糖類（単糖類が多数繋がった分子）は消化器系で、一つ一つの単糖類にバラされ、血液に吸収されるものです。どんな栄養素も、吸収できるサイズの上限があり、生物共通の成分に分解され、吸収された後に身体に必要な成分に組み立てられます。β-グルカンは多糖類のため、そのまま血液中に吸収されるわけではなく、一度単糖類に分解されます。しかし、その吸収されないはずのβ-グルカンを摂取すると腫瘍組織に変化が出てくることがあるという報告があります。ですから、β-グルカンは直接体内に侵入して作用するわけではなく、例えば腸内細菌に作用し、その刺激で腸内細菌が分泌する物質が作用するなど、他の作用機序で働いているのかもしれません。詳細は今後の調査に期待です。ちなみに舞茸に含まれる成分を抽出したときに、「Dフラクション」と呼ばれる多糖類群に、強いがん抑制作用が認められたためその名前が有名になったようです。しかしながら、「Dフラクション」という栄養素はありません。舞茸にこだわらず、β-グルカンを含むきのこ類を食べていただければと思います。

がんにまつわるウワサ検証

Q 抗がん効果の高いニンニクですが、
ネギ類なので犬に与えたらダメですよね?

A 全てのものは毒になり得、
毒か薬かは量で決まります。

聞いた話を鵜呑みにすると
理路整然と間違い続けます。

「ニンニクは犬にとって有害であり、タマネギより毒性が強いと聞きました。だから、ニンニクを食べさせるなんて信じられません。」という感情的な表記を時折みかけます。私たち獣医師が大学で「毒」について学ぶ毒性学という分野がありますが、その毒性学の祖であるパラケルスス氏の言葉に「全ての物質は毒であり、毒でないものは存在しない。ただ適切な容量が毒と薬を区別する」というものがあります。つまり、結果は「ゼロか?イチか?」ではなく、全て「程度問題」ということです。

例えば、タマネギの場合は、15〜30g/kg犬は問題を生じるという指標があります。ニンニクはこの5分の1で問題を起こす可能性があるという報告もあり、体重10kgで30gのニンニクで問題を引き起こす可能性があるそうですが、ニンニクは1片大体10gなので、10kgの体重の子にニンニク1片くらいならば、計算上大きな問題は無いと言えるでしょう。もちろん、これ未満で問題を生じることもあれば、これ以上でも全く問題ないケースもあるでしょう。この辺は個体差となります。

Q 肉、卵、魚、乳製品を食べると悪化するといわれました。

A 食物繊維と一緒に食べて便通が良い状態を維持しましょう。

「なぜそうなるのか？」を考える事が楽に生きる秘訣

　おそらく、その方が気になっているのは、「動物性食材が多いと腸内で悪玉菌が増えて、発がん物質や発がん促進物質を作る可能性が高くなるため、発がんの原因を減らすためにも、動物性食材を減らした方が良い」という情報だと思います。その想いが行き過ぎると「究極のベジタリアン」を目指すことになる可能性があります。そして、もし本当にこうおっしゃったのであれば「ちょっとでも動物性食材を食べたら悪化する」かのような誤解に繋がりますよね。

　しかしこのことは「肉だけ」だとそうなる可能性があるとおっしゃっているわけで、つまり、腸内の便の滞在時間が長いと、その悪影響を受ける可能性が高くなるという話だと思います。そうならない様に対処すればいいだけの話で、例えば便通が良くなるように食物繊維含有量の多い食材（野菜など）を一緒に摂取したり、腸内にいわゆる善玉菌が増えるように発酵食品を食べたりすれば、いくらでも回避することが出来ます。もちろん、現実を観察しながら、臨機応変に対応してください。

不安解決 | Part3

がんにまつわる素朴な疑問

Q 同じレシピをずっと食べさせたほうが体にいいですよね？

A 同じことをあなたがしたら飽きませんか？
いろいろ替えて食べることが大切です。

「栄養バランスを取る」の本当の意味を知れば大丈夫

ときどき「せっかく栄養価計算したレシピだから、これを変えたくない」という飼い主さんがいらっしゃいますが、食事の多様性の話をすると、「なんだ、そうか！」と考え方を変えて下さる方がほとんどです。

市販フードと手作り食の大きな違いの一つに、「手作り食は日々食材が変わるから、いろいろ食べていれば、適切に調整される。」というものがあります。市販フードは内容成分が決まっているので、同じものを食べ続けた場合、将来的に栄養素の過剰症や欠乏症にならないよう、逆に栄養価計算が必要な程です。

しかし、手作り食は、私たちが「昨日焼き肉、今日は野菜鍋、明日はおでん、明後日は肉野菜炒め……」と日々変わり、いろいろ食べることで何かの成分が突出しないというメリットの中で生活しています。ですから、同じものを決め打ちで食べさせ続けるのではなく、我々人間同様にいろいろなものを食べて、バリエーションを増やす方が良いです。もちろん、食べさせてはいけない物は除いた上で……。

Q 食材の質はどのように考えればいいですか?

A 自分が口にしたくない様な、質の悪い食材を選択しなければ良いと思います。

犬の食材選びを勉強すると飼い主さんが健康になる

　水道水の所でも書きましたが、ヒトはこだわり出すとキリがありません。どこかで「これで良しとしよう！」と妥協・納得することが必要です。

　飼い主さんが納得できる食材ならばそれでいいと個人的には思っております。時々「●●産の●●鶏という幻の地鶏を●●法で加工した●●肉」の様なこだわり食材を食べさせている方がいらっしゃいますが、その方が気分的に楽なら、それでいいと思いますが、人によっては「その辺のスーパーで売ってるのでイイじゃん！」という方もいらっしゃり、それはそれでいいと思いますし、僕はどちらかというと後者です。他人に勧められた「良い食材」も、続けるとなるとストレスになることもあります。ただ、「玄米がいいときいたので、近所のディスカウントストアで玄米を買ってきて食べたら、飼い主も犬も身体に湿疹が出ました。玄米は身体に悪いですね！」というケースが過去にありまして、それは買うところを変えてみてはどうでしょうか？　とアドバイスさせていただきました。あなたが納得できる食材を選んで下さい。

がんにまつわる素朴な疑問

Q 食事療養中、おやつは禁止ですよね？

A あげるおやつを選べば、むしろ、愛犬の元気につながります。

体型と体調を観ながら判断を

　人間でもそうですが、おやつを食べるかどうかは、その人のライフスタイルで変わってきます。必ず食べなければならないというものでもないし、無ければ無いで構わない物です。ただ、成長期には、一度に胃に入る食事量が少ないのと、エネルギー消費量や、どんどん身体の成分を作ることから、食事と食事の間にどうしてもお腹が空いてきて、おやつを食べることがあります。

　犬も同じで、一度に食べられる食事量が少なく、普通の食事だけでは痩せてしまい、闘う力が十分で無くなるという場合、食べさせた方がいいでしょう。

　おやつの食材は、P.16〜20の中から選び、例えば野菜入りハンバーグにしたり、さつま芋をふかしてみたり、その子に合わせて工夫してみて下さい。P.24〜のそれぞれのレシピもおやつ程度の量なら食べてくれるという場合、何回にも分けて愛犬に"おやつ"と思わせながら、体力維持という選択肢もあります。

Q このごはんを食べ続けたら治るでしょうか？

A 食事が原因でがんになったのならば、そうかもしれませんが……。

原因は食事以外にもあるかも！
「これだけで……」思考は卒業！

　この質問はよくされるのですが、がんは生活習慣病です。がんになった根本原因が食事だけだったのだとすれば、食事の見直しのみで解決されるかもしれませんが、通常は、睡眠不足や精神的な不安、肉体的な疲労など、様々な要因が絡み合って、がんの発症につながっています。つまり、「食事だけで治す」ということは、基本的にあり得ません。根本原因になりうる要素をすべて見直す必要があると考えます。

　食事療法は、がんに勝つためのアプローチの一つだとお考えください。しかし、毎日の食事が身体をつくっているのも事実です。過信は禁物ですが、大いに有効なアプローチであるはずです。飼い主さんには、本書のレシピを参考に、「がんと闘ってくれる白血球数を増やす応援を、毎日の食事づくりでしているんだ！」という心づもりで過ごしていただければと思います。皆さんに気をつけていただきたいのは、食べないからといって落胆するのではなく、愛犬が食事の時間を楽しいものだと感じるように、明るく励ましながら、無理をさせずに食べさせてあげることです。飼い主さんの笑顔が愛犬の免疫力アップには欠かせない要素なこともお忘れなく。

おわりに

　1999年開業以来、がん・腫瘍と診断されたたくさんの犬と飼い主さんに出会いましたが、多くの方が「何の薬・良い治療法・どの栄養素が最高?　最強?」という情報を探し求めて不安な日々を過ごしていらっしゃいました。

　この本で最も伝えたかったことは大きく2つございます。1つは「どの栄養素・どの成分ががんに効くか?」ということよりも、飼い主さんが心を込めて作る食事を食べさせてもらえたら「犬は嬉しい→ストレスが減る→闘う力がアップする」ということです。そしてもう1つは、例えがんと診断されたり、余命宣告されたとしても、そのがん・腫瘍組織はなんとかなる可能性がゼロでは無いし、飼い主さんがやれることはまだあるから、落ち込んだり、深刻にならずに、希望をもっていただきたいということです。

　ともすると飼い主さんは楽しい感情や希望をもつことを忘れたり、それをいけないことだと思いがちです。しかし、飼い主さんが最期まで取り組める、どんな治療をもサポートしてくれる愛犬のための最高の心身ケアは、希望と愛情を込めた手作り食だということを忘れないでください。

　もし、心が折れそうになったら…この本に戻るか、下記URLから登録した読者専用メルマガをご活用下さい。頑張る飼い主さんを心より応援しております。
↓↓↓
http://www.susaki.com/publish/book19.html（一番下のボタンを押して下さい）

レシピの協力 staff credit

● 黒沼朋子／ペット食育協会認定上級指導士
【ナチュラルペットケアサロン　シアン・シアン】http://profile.ameba.jp/shien-shien/
〈TEL〉045-904-2519　〈e-mail〉tomoko.kuronuma@gmail.com

● 安福義江／ペット食育協会認定上級指導士　〈facebook〉https://www.facebook.com/yoshie.anpuku
【Happy Garden】http://happygarden.jp/　〈TEL〉058-393-4055　〈e-mail〉remember_to_write@yahoo.co.jp

● 上住裕子／ペット食育協会認定上級指導士
幸せのテーブル《犬猫ごはん》　https://www.facebook.com/shiawasenotable　〈e-mail〉infodogdog@gmail.com

● 松本正治／ペット食育協会認定上級指導士
【パピネス】http://www.puppiness.net/　〈TEL〉045-262-1787　〈e-mail〉info@puppiness.net

● 関口きよみ／ペット食育協会認定指導士　《カルビ王子の華麗なる冒険》http://ameblo.jp/karubio-ji/
【伊豆の愛犬と泊まれる宿アップルシード|天然温泉とドッグラン】http://www.izu-appleseed.com/　〈TEL〉0557-45-7599

● おおもりみさこ／ペット食育協会認定指導士
【犬膳猫膳本舗】http://inuzennekozen.wanchefshop.com/　〈e-mail〉info@dil-se.org

● 河村昌美／ペット食育協会認定指導士
《俺様たちのごはん〜犬の手作りごはんレシピ〜》http://ameblo.jp/oresamatachi/
《ひなたのひまわり〜ミニピン重明＆康明〜》http://ameblo.jp/chu-u

● ちゃぞののりこ／ペット食育協会認定指導士
《美容室Little☆Step　ヒーリングケアサロン》http://ameblo.jp/ac-nori/　〈TEL〉090-9868-5245
《手作り工房りとる☆すてっぷ》http://ameblo.jp/sweet-little-step/　〈e-mail〉dogspa.littlestep@gmail.com

● 宮岸知子／ペット食育協会認定指導士　《サラノヒトサラ》http://doggydish.exblog.jp/

● 上島弥生／ペット食育協会認定准指導士
《日本テリアと暮らそ！！》http://ameblo.jp/nitteri-amaterasu/

● 梧桐貴子／ペット食育協会認定准指導士
《犬と猫に手作りごはん，〜犬と猫の健康と幸せのために〜》http://ameblo.jp/nananyan77/

● 紫藤晴己／ペット食育協会認定准指導士
【pas á pas　ぱざぱ】〈TEL〉052-485-7558　〒451-0042　愛知県名古屋市西区那古野1-23-4

● 夏目美江／ペット食育協会認定准指導士
【DEARDOG】http://www.trimming-deardog.com/　〈e-mail〉info@trimming-deardog.com

● 畑博美／ペット食育協会認定准指導士
【ペットシッター　Ha〜Ta'n】http://petsitter.ha-tan.com/　https://www.facebook.com/hiromi.hata
〈TEL〉049-259-3353　〈e-mail〉cky.mbnkm@ha-tan.com

● 松岡麗子／ペット食育協会認定准指導士
【Dog Cafe　BALE】http://www.dogcafe-bale.com
《パグ日和　きなことひまわり》http://inugohan504.blog24.fc2.com
《ホリスティックデリカラボ》http://www.holisticdelica-labo.com/

須﨑恭彦（すさき・やすひこ）

獣医師、獣医学博士。東京農工大学農学部獣医学科卒業、岐阜大学大学院連合獣医学研究科修了。現、須﨑動物病院院長、九州保健福祉大学 薬学部動物生命薬科学科 客員教授、ペット食育協会会長。薬や手術などの西洋医学以外の選択を探している飼い主さんに、栄養学と東洋医学を取り入れた食事療法を中心とした、体質改善、自然治癒力を高める動物医療を実践している。メンタルトレーニング（シルバメソッド）の国際公認インストラクター資格を活かし、飼い主さんの不安を取り除くことにも力を注いでいる。著書に『愛犬のための手作り健康食（洋泉社）』『かんたん犬ごはん～プチ病気・生活習慣病を撃退！（女子栄養大出版部）』『愛犬のための 症状・目的別食事百科（講談社）』『愛犬のための 症状・目的別栄養事典（講談社）』『愛犬のための がんが逃げていく食事と生活（講談社）』がある。

●問い合わせ先 【須﨑動物病院】
〒193-0833 東京都八王子市めじろ台2-1-1 京王めじろ台マンションA-310
Tel. 042-629-3424（月～金 10～13時 15～18時／祭日を除く）
Fax. 042-629-2690（24時間受付） E-mail. clinic@susaki.com URL. http://www.susaki.com
※病院での診療、往診、電話相談は完全予約制です。

今あるがんに勝つ！
手づくり犬ごはん

2014年3月27日 第1刷発行
2024年5月7日 第8刷発行

著　者　須﨑恭彦
発行者　清田則子
発行所　株式会社講談社
　　　　〒112-8001 東京都文京区音羽2-12-21
　　　　販売　TEL03-5395-3606
　　　　業務　TEL03-5395-3615
編　集　株式会社 講談社エディトリアル
代　表　堺　公江
　　　　〒112-0013 東京都文京区音羽1-17-18 護国寺SIAビル6F
　　　　編集部　TEL03-5319-2171
印刷所　株式会社新藤慶昌堂
製本所　大口製本印刷株式会社

定価はカバーに表示してあります。
本書のコピー、スキャン、デジタル化等の無断複製は著作権法上での例外を除き禁じられております。
本書を代行業者等の第三者に依頼してスキャンやデジタル化することは
たとえ個人や家庭内の利用でも著作権法違反です。
落丁本・乱丁本は、購入書店名を明記の上、講談社業務あてにお送りください。
送料小社負担にてお取り替えいたします。
なお、この本についてのお問い合わせは、講談社エディトリアルあてにお願いいたします。

©Yasuhiko Susaki 2014 Printed in Japan
N.D.C.2077 99p 20cm ISBN978-4-06-218858-6